$2001

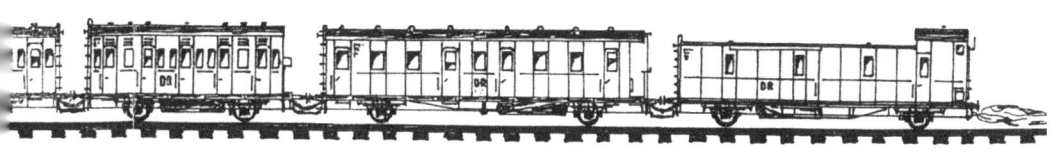

Original
Crottendorfer Eisenbahn-Geschichten

erlebt und aufgeschrieben

von

Siegfried Bergelt

"Original Crottendorfer . . . " mit freundlicher Genehmigung von
Crottendorfer Räucherkerzen GmbH

Titelbild: 86 1501 mit P 2610 am Ortseingang von Crottendorf, 14.05.1988
          Foto: Gunter v. Hartwig

Rücktitel: 86 1001 vor Bahnübergang Annaberger Straße, 30.01.1987
          Foto: Thomas Becher

ISBN: 3-9806606-7-2

Bildverlag Thomas Böttger

W. I. T. der Gewerbepark
Witzschdorfer Hauptstraße 94
09437 Witzschdorf
Telefon: 0 37 25 / 2 01 40
Fax: 0 37 25 / 2 02 40

2. Auflage November 2003

Inhaltsverzeichnis

	Seite
Vorwort	5
Geschichtliches	6
Technische Ausstattung der Strecke	11
Eisenbahngeschichten	34
Die 40er und 50er Jahre	34
Der Eisenbahn - Güterverkehr in den 50er Jahren	36
Die Baureihe 38.2-3 (sächsische XII H2)	40
"Bunte" Züge in den 60er Jahren	42
Wenn die "Hebamme" kommt	45
Von Kompressoren, Kartoffeldämpfern und Enteisungsanlagen	48
Präsident, Messzug, Giftzug und Eichzug	49
Die 5-Tage-Arbeitswoche und ein Doppelzug	52
Ein unrühmlicher Schwertransport	53
Erstes Gastspiel einer Diesellok in Crottendorf	54
Seltene Fracht - für Modelleisenbahner	55
Crottendorf und die Modelleisenbahn	59
Die "Gute Stube" und die Eisenbahn	62
Einiges über den unteren Bahnhof	64
Die 70er Jahre, neue Fahrzeuge und Abschied vom Dampf	66
Der Schneewinter 1970	69
Die Baureihe 110 (ehem. V 100) - wieder eine Crottendorf-Lok	72
Neue Gleise für den oberen Bahnhof	74
Auch die Strecke wird erneuert	76
Es dampft wieder	78
Das große Jubiläum	81
Plandampf - eine neue Wortschöpfung	83
Wieder seltene Fahrzeuge zu Gast	85
Noch zweimal Erneuerung der Wagen - Betriebsruhe am Wochenende	87
Großdiesellokomotiven in Crottendorf	89
Die letzte Fahrt	91
Streckenverlauf und touristische Sehenswürdigkeiten	98
Projekte und Perspektiven	99
Museumsbahnhof Walthersdorf	101
Bürgerinitiative Eisenbahn "Oberes Erzgebirge" - IG Bahnhof Schlettau	103
Einige Daten zur Eisenbahnstrecke Schlettau - Crottendorf	105
Zeittafel	105
Die technischen Daten der sächsischen VT	106
Die technischen Daten der preußischen T9	107
Die technischen Daten der Baureihe 86	108
Die technischen Daten der Baureihe 38.2-3 (sächsische XII H2)	109
Die technischen Daten der Baureihe 110 / 112 (V 100)	110
Die technischen Daten der Baureihe 50.35 (Reko-Lok)	111
Quellenverzeichnis / Erläuterungen einiger Fachbegriffe	112

Kleine Häuser, Bach, Wiesen und Wälder und ein vorbeifahrender Dampfzug, ergeben wohl das (Bilderbuch)-Idyll der Eisenbahn. Sicherlich wirkte die Nebenbahn Schlettau-Crottendorf so auf viele Betrachter.
Foto: Katrin Böttger

Vorwort zur 2. Auflage

Liebe Leserin, lieber Leser

auf Grund der großen Nachfrage haben wir uns entschlossen die bisher einzige umfassende Veröffentlichung über diese bekannte Erzgebirgsstrecke nochmals aufzulegen. Inzwischen sind über zwei Jahre ins Land gegangen, und es hat sich einiges ereignet. Vom "Spurbus"-System war nichts mehr zu vernehmen, und die vorhandenen Bushaltestellen wurden mit Haltebuchten versehen. Das Jahrhunderthochwasser 2002 hat auch um Crottendorf keinen Bogen gemacht, durch den Neubau der Kirchenbrücke entstand eine weitere Gleislücke.

Der Neubau einer Kläranlage am nördlichen Ortseingang war für die Entscheidungsträger willkommener Anlass, einer eventuellen Reaktivierung der Strecke endgültig einen Riegel vorzuschieben, indem in großen Teilen der Bahntrasse die Fäkalienrohre verlegt wurden. Ob sich der darüber befindliche Radweg ebenso zum Tourismus-Magnet entwickelt wie ein Bahnbetrieb, wird sich zeigen. Auch mussten sich die Crottendorfer Modelleisenbahner in Cunersdorf ein neues Domizil suchen.

Zum Glück gibt es (in Nachbarorten) auch positive Bahn-Aktivitäten, und das schon im verwaltungsmäßig zu Crottendorf gehörenden Walthersdorf. Dort hat unser bekannter Mitautor Claus Schlegel in unermüdlicher Arbeit aus dem Empfangsgebäude samt Nebengebäuden ein kleines, aber um so feineres Sächsisches Eisenbahnmuseum geschaffen. Dank der DB-Erzgebirgsbahn soll Walthersdorf zumindest Haltepunkt bleiben, denn die Strecke Schwarzenberg - Annaberg kann künftig wieder für Sonder- und Überführungsfahrten genutzt werden.

Anlässlich des Bundeswandertages in Schwarzenberg fand die erste Sonderfahrt bis Schlettau am 27.07.2003, organisiert vom VSE, statt. Die Eisenbahninitiative Schlettau unter Leitung von Claus Nier hatte dazu ein Bahnhofsfest organisiert, um den beiden Sonderzügen einen herzlichen Empfang zu bereiten. Der Bahnhof Schlettau soll in seinem jetzigen Gleisplan erhalten bleiben. Leider hat die DB AG den Lokschuppen abreißen lassen, nachdem er unter Denkmalschutz gestellt wurde. So liegt, wie immer im Leben, Gutes und Schlechtes nahe beieinander.

Schlecht war auch, dass wir in der ersten Auflage nichts vom Einsatz der Großdieselloks auf unserer Strecke gebracht haben, von dem der Autor trotz Befragung von Crottendorfer Einwohnern nichts erfahren hat. Aber im vorliegenden Band konnte diese Lücke Dank der Unterstützung von Danilo Grund geschlossen werden.

Viel Freude beim Lesen dieses Buches, mit welchem die Crottendorfer Eisenbahngeschichte endgültig abgeschlossen ist.

Chemnitz, im August 2003   Siegfried Bergelt

Geschichtliches

Schon die ersten Überlegungen zur Einrichtung eines Bahnanschlusses für die beiden Erzgebirgsdörfer Crottendorf und Walthersdorf sind im Zusammenhang mit der Verbindung Schwarzenberg - Annaberg getätigt worden. Bereits am 18. März 1853 soll unter Führung der Stadt Elterlein eine erste Bittschrift an den sächsischen Landtag eingereicht worden sein, in der um Verlängerung der Strecke Zwickau-Schwarzenberg bis nach Annaberg gebeten wurde. Es mangelte nicht an Vorschlägen zur Streckenführung, wie zum Beispiel 1869 von einem Eisenbahnkomitee unter Leitung Crottendorfs, welches vorgeschlagen hatte, von Schwarzenberg über Schlettau und Crottendorf eine Strecke bis über die sächsisch-böhmische Grenze nach Österreich-Ungarn zu bauen. Wie einige andere wurde auch dieser Vorschlag nicht akzeptiert, während die Dringlichkeit zur Lösung des Verkehrsproblems stetig zunahm.

Ursprünglich als Schmalspurbahn vorgesehen

1883 wurden durch die Regierung zwei Varianten vorgelegt, in denen die Linie Walthersdorf-Crottendorf als Schmalspurbahn vorgesehen war. Als 1886 der Bau der Linie Buchholz-Schwarzenberg eine beschlossene Sache wurde, war enttäuschenderweise Walthersdorf-Crottendorf nicht dabei, woran auch einige eilige Depeschen nach Dresden nichts zu ändern vermochten. Jedoch bot die Folgezeit Gelegenheit zu nochmaligen, genauen Überlegungen und Untersuchungen für die Crottendorfer Bahn. Man kam zu der Schlussfolgerung, dass geringe Mehrkosten für den Bau der Linie in normalspuriger Ausführung nicht gescheut werden sollten. Ergeben sich doch dadurch wesentliche betriebliche Vorteile. Der Bau der Crottendorfer Bahn in Normalspur wurde deshalb von den Kammern 1887/88 endgültig einstimmig beschlossen. Nun war „Grünes Licht" gegeben, um alles technisch und organisatorisch vorzubereiten. Nachdem das Sektionsbüro Buchholz 1888 spezielle Planungen und Vorarbeiten für die Trasse angefertigt hatte, konnte Anfang 1889 mit dem Bau begonnen werden. Die Aufträge wurden in zwei Accorde geteilt und an private Unternehmen übergeben. Zusammen mit der Annaberger Strecke setzte 1889 im April auch auf der Crottendorfer Zweigbahn rege Bautätigkeit ein. Von der Trassierung her gab es kaum Schwierigkeiten.
Schon Ende September desselben Jahres war die Strecke betriebsbereit, noch vor Fertigstellung der Annaberg-Schwarzenberger.

Feierliche Eröffnung

Am 30. November 1889 war die feierliche Eröffnung. Um 11.47 Uhr setzte sich der Sonderzug von Schwarzenberg aus in Bewegung und fuhr ohne lange Zwischenaufenthalte nach Schlettau, wo die Persönlichkeiten des aus Obercrottendorf gekommenen Zuges einstiegen, um schließlich 1.35 Uhr den Bahnhof Annaberg zu erreichen.

Die Einwohner brachten ihre Freude über das bedeutende Ereignis zum Ausdruck. War doch schon unmittelbar nach der Beschlussfassung in Crottendorf „Das große Jubel im Dorfe, Abends Illumination, Lampionzug der Feuerwehr etc. Vormittags großer Commers im Deutschen Hause, überall laute Äußerungen der Freude" gewesen, wie es in den Aufzeichnungen des Pfarrers Merz zu lesen ist. In einem zeitgenössischen Bericht heißt es weiter: „Der gestrige Sonntag, an welchem die Bahnlinie Annaberg-Schwarzenberg mit Zweigbahn Schlettau-Crottendorf dem öffentlichen Verkehr übergeben wurde, war in Folge dieser Bahneröffnung für einen großen Teil unseres Erzgebirges ein Tag von besonderer Wichtigkeit, denn die Einverleibung der Städte und Ortschaften Schlettau, Scheibenberg, Crottendorf, Mittweida, Markersbach, Raschau usf. in das große Netz der Schienenstraßen war längst ersehnt und die Freude über die nunmehrige Erfüllung gab sich in lautem Jubel kund." [3]

Bahnhof Obercrottendorf kurz nach seiner Eröffnung. Im Vordergrund rechts der Lokschuppen. Dienstgebäude und Güterschuppen müssen später bald vergrößert werden. Die Umzäunung ist noch in tadellosem Zustand.
Foto: Sammlung Siegfried Bergelt

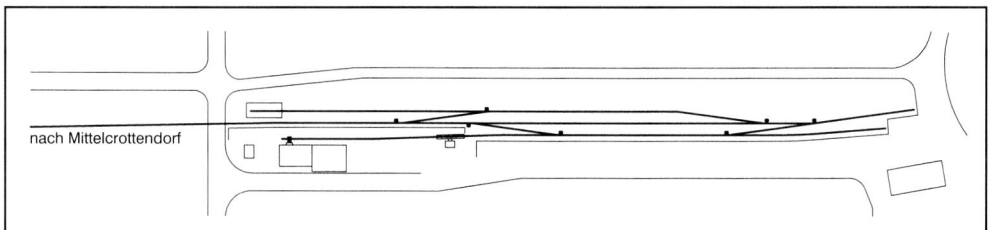

Obercrottendorf Bahnhof 1890

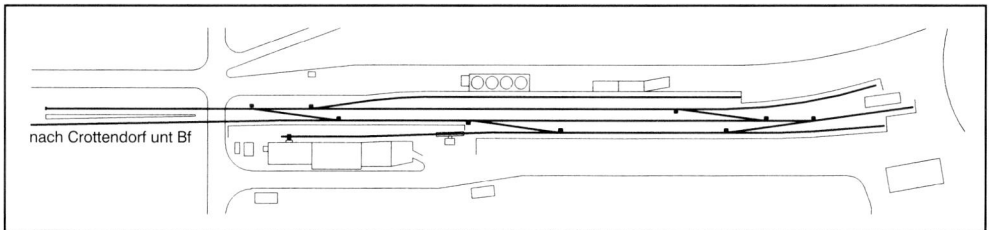

Crottendorf oberer Bahnhof 1989
Zeichnungen: Siegfried Bergelt

Hältestelle Mittelcrottendorf i. Erzgeb.

Die Haltestelle Mittelcrottendorf in den ersten Betriebsjahren. Im Bild etwas schlechter zu erkennen ist der Personenzug in Fahrtrichtung Walthersdorf, bespannt mit einer sächsischen VT.
Foto: Sammlung Claus Schlegel

Bahnhof Schlettau um 1900. Neben dem schönen Quaderputz fallen die kunstvollen Giebelverzierungen ebenso ins Auge wie das überdachte hölzerne Eingangsportal. Die Eisenbahner haben sich selbstbewusst in Position gestellt. Der Zug aus Crottendorf mit seiner VT Lok ist soeben angekommen.
Foto: Sammlung Siegfried Bergelt

Von Anfang an als PmG

Die neuen Strecken wurden der Oberinspektion Zwickau der „Königlich-Sächsischen-Staatseisenbahnen" unterstellt. Infolge der neuen Strecken erhöhte man die Anzahl der Beamten um 35, darunter 6 Schaffner I. Klasse und 7 Schaffner II. Klasse, 3 Lokführer und 2 Bahnmeister.

Die Strecke Walthersdorf-Crottendorf wurde - wie in Sachsen allgemein üblich - in abgekürzter Form als WC-Linie bezeichnet. Am Anfang befuhren die Strecke täglich vier Zugpaare, als Personenzug mit Güterbeförderung, mit einer maximal zulässigen Geschwindigkeit von 30 km/h. Einige Züge begannen und endeten in Schlettau, einige liefen nach Umsetzen der Lok bis Annaberg durch. Die eigentliche Abzweigstelle der WC-Linie befindet sich im 1.3 km vom Bf Schlettau entfernten Bf Walthersdorf. In Schlettau wurden alle Anlagen errichtet, die für einen Abzweigbahnhof benötigt werden (Abstell-gleise, Heizhaus, Wasserversorgung). Diese dienten wenige Jahre später auch der in Scheibenberg abzweigenden Strecke nach Zwönitz-Stollberg. Mittelcrottendorf und Walthersdorf Hp waren unbesetzte Stationen. Fahrkarten wurden vom Zugschaffner verkauft. Die Güterabfertigung in Mittelcrottendorf erledigte ein Bahnagent.

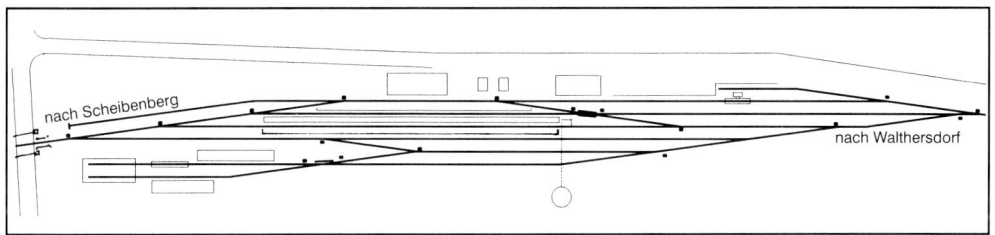

Schlettau Bahnhof 1965

Stetiger Aufwärtstrend

Die Existenz des neuen, schnelleren und billigeren Verkehrsmittels führte in den Anliegerorten zur Belebung der Industrie. Dies wiederum wirkte sich als Erhöhung des Verkehrsaufkommens aus. Folgende Tabelle macht dies deutlich:

	ankommende und abfahrende Personen		Frachtumschlag in t	
	Schlettau	Obercrottendorf	Schlettau	Obercrottendorf
Jahr 1890	81 076	45 070	12 323	4 857,7
Jahr 1899	88 191	38 536	15 821,6	8 850

Durch die beiden Weltkriege wurde der stetige Aufwärtstrend unterbrochen. In den Jahren zuvor und dazwischen sind mehrere Erweiterungen und Änderungen vorgenommen worden. In Obercrottendorf, seit 1915 als Crottendorf ob Bf bezeichnet, hat man 1926 den nicht mehr genutzten einständigen Lokschuppen abgerissen. Das ehemalige Lokschuppengleis wurde über die Straße verlängert und zum Ausziehgleis umfunktioniert. Dabei wurde die Gleisverbindung vom Hauptgleis so geändert, dass die Einfahrweiche (Nr.3) vom einfahrenden Zug stumpf befahren wird. Bis zu dieser erstreckt sich auch die (dort stärkste) Steigung der Strecke, und das ebene, mit Stützmauer unterbaute neue Ausziehgleis dürfte zum Rangieren der Wagengruppen besser geeignet sein als zuvor das abschüssige Streckengleis. In den 30er Jahren kam das Ladestraßengleis 4 hinzu. An Empfangsgebäude und Güterschuppen ist ebenfalls erweitert worden. In Mittelcrottendorf, seit 1915 bezeichnet als Crottendorf unt Bf, wurde in den 30er Jahren ein aus Natursteinen gemauerter Güterschuppen errichtet. Bis in die Anfangsphase des 2. Weltkrieges fuhren 8 Zugpaare täglich, 1950 nur noch 4. In den folgenden Jahren normalisierte sich die Anzahl der Zugfahrten wieder bis zum Vorkriegsniveau.

Konkurrent Kraftverkehr

In den 60er Jahren entwickelte sich verstärkt der Kraftverkehr. Die Deutsche Reichsbahn bemühte sich deshalb um Rationalisierung des Betriebes. Seit 1971 wurde die WC-Strecke im „Vereinfachten Nebenbahndienst" betrieben. Es gab damals auch schon Stilllegungsbestrebungen, aber das stets verhältnismäßig hohe Güteraufkommen ließ diese Bestrebungen lange nicht zur Realität werden. Jedoch wurden die Bahnhöfe Walthersdorf und Crottendorf unt Bf für den Güterverkehr geschlossen. Mitte der 60er Jahre wurden Weichen und Gleise ausgebaut. In Walthersdorf blieb außer den 2 Streckengleisen nur noch das ehemalige Ladestraßengleis als Stumpfgleis erhalten. Selbiges wurde nur gelegentlich für bahninterne Zwecke genutzt.

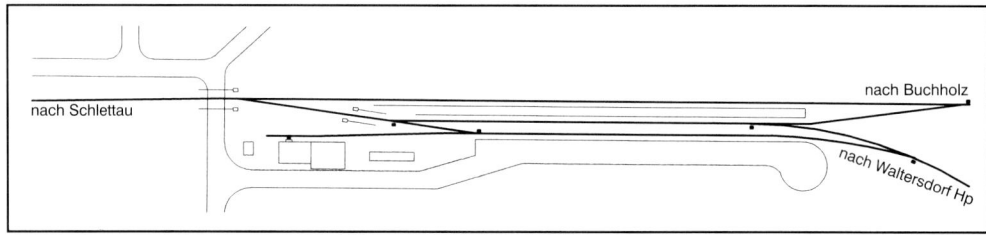

Walthersdorf Bahnhof 1960

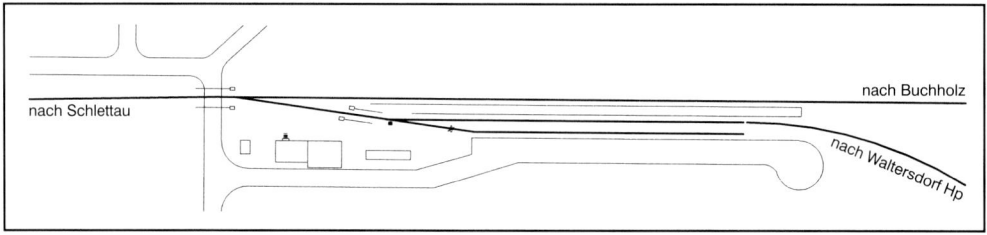

Walthersdorf Bahnhof 1989

Auf dem Oberen Bahnhof, dessen Gleisanlagen in ihrer Form seit der Erweiterung in den 30er Jahren bis heute erhalten blieben, wurde kein Stückgut mehr in Waggons verladen. Rationeller wurde es nun per LKW-Hängerzug („Stückgut-Auto") zum „Knotenbahnhof" Buchholz gefahren, der inzwischen „Annaberg-Buchholz Süd" hieß. Erst dort wurde es in Waggons verladen. Als weitere Rationalisierungsmaßnahme wurde auch Hausbrand-Kohle ab Schlettau mit den neuen LKW W50 nach Crottendorf gefahren, während die entladenen Waggons von dort leer nach Crottendorf geschickt wurden, um sie mit Kalkwerks-Erzeugnissen zu beladen. Diesem Verfahren war wohl kein großer Erfolg beschieden, denn es wurde wieder fallengelassen. Zeitweise war Crottendorf ob Bf der größte Verladebahnhof im Kreis Annaberg mit 250 bis 300 Waggons im Monat. In den 70er Jahren wurde am Vormittag ein reiner Güterzug gefahren, der im wesentlichen Waggons brachte. Als PmG fungierte nur noch der Mittagszug. Dieser holte hauptsächlich Waggons von Crottendorf ab. Die anderen Züge waren nun reine Personenzüge. Auf die Pünktlichkeit wirkte sich der Wegfall der Rangierarbeiten positiv aus.

Technische Ausstattung der Strecke

Hochbauten

Der Bf Walthersdorf besitzt ein kleines Empfangsgebäude mit 2 Etagen und Spitzdach und einen angebauten Güterschuppen mit einem Schiebetor je Seite. Beide Gebäude sind verputzt und im Farbton ocker gestrichen. Das Ladegleis überspannte ein Lademaß.

Direkt vor dem Empfangs-gebäude des Bf Walthersdorf zweigte das Streckengleis nach Crottendorf ab.
Bei einer Zugfahrt wurde die handbediente Bahnsteigschranke geschlossen. Am 22.02.1981 fuhr aber die 50 849 mit dem Zwickauer Traditionszug in Richtung Annaberg-Buchholz Süd weiter.
Foto: Thomas Böttger

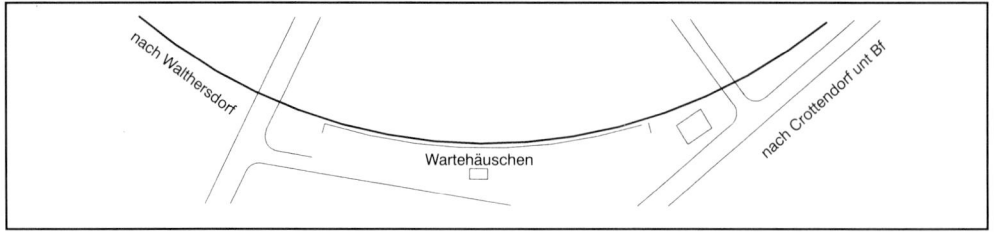

Walthersdorf Hp 1989

Der Haltepunkt besaß ein offenes hölzernes Wartehäuschen, welches sich jetzt - bestens instandgehalten- im Eisenbahnmuseum Schwarzenberg befindet.

Der untere Bahnhof war mit einem etwas größerem Gebäude, ebenfalls in Holzbauweise mit Pultdach, ausgerüstet. In den 50er/60er Jahren war der Dienstraum mit einem Eisenbahner besetzt. Ein Güterschuppen mit 2 Toren je Seite, in Natursteinmauerwerk ausgeführt, steht gegenüber.

Haltepunkt und unterer Bahnhof besaßen hölzerne Aborthäuschen, welche Ende der 60er Jahre entfernt wurden.

Typisch für kleinere Stationen auf sächsischen Nebenbahnen waren standardisierte Dienstgebäude in Holzbauweise, wie hier in Crottendorf unt. Bf..
Im September 1975 fährt die 86 1608 mit dreiachsigen Rekowagen ihrem Ziel entgegen.
Foto: Siegfried Bergelt

Der obere Bahnhof besitzt ein Empfangsgebäude mit 2 Etagen und Spitzdach, welches in den ersten Jahren verlängert wurde und in den 80er Jahren einen Dachgeschossausbau erhielt. Der angebaute Güterschuppen hatte am Anfang ein Schiebetor je Seite, wurde aber zunächst verdoppelt. Ein weiterer, niedrigerer Anbau mit anderer Dachform enthielt ein drittes Schiebetor. Zwei weitere Teile in dieser Bauform waren offen als überdachter Schauer ausgeführt. Nach Einstellung des Stückgutverkehrs waren alle Güterschuppen vermietet und fremdgenutzt worden. Nur der vorderste Teil des Schuppens (1 Tor) im ob Bf diente dem Expressgutumschlag. Ein Nebengebäude am Bahnhofsvorplatz enthielt die Aborte und eine Waschküche der Bewohner. Ein weiteres massives Gebäude gehörte zur Gleiswaage, die von dort witterungsgeschützt bedient werden konnte. Bis in die 80er Jahre gab es noch 2 Wagenkästen. Ein ehemaliger 4-Abteiler an der Straßenseite gegenüber dem Empfangsgebäude, diente der

Aufbewahrung von Verbrauchsmaterial. Ein anderer, ehemaliger Güterwagen, gegenüber dem Waagehäuschen, wurde von der Gleisbau-Rotte benutzt.

Erwähnt seien noch drei nichtbahneigene Verladeanlagen des oberen Bahnhofs: Die zunächst hölzerne Kalkverladerampe der VEB Obererzgebirgische Kalkwerke Oberscheibe. Sie wurde Ende der 50er Jahre von Pionieren der NVA aus frisch geschlagenen Fichten erbaut. Das Holz wurde mit einem Feldsägewerk zu Balken geschnitten. Die Bauklammern wurden in einer Feldschmiede vor Ort hergestellt. Die roh verarbeiteten Balken rissen schnell und wurden in der Folgezeit durch stählerne Stützen ersetzt. Die 1965 errichtete Hochsiloanlage derselben Firma ermöglichte das Beladen und Abwiegen mittels Bandwaage direkt aus den Silos.

Zur Holzbeton-Plattenproduktion bezog der Staatliche Forstwirtschaftsbetrieb Calciumlauge in Kesselwagen. Dazu errichtete man neben dem Stumpf des Hauptgleises eine Erdtankanlage, in welche der Inhalt solcher Kesselwagen abgelassen wurde.

Der Crottendorfer obere Bahnhof an einem Wintertag des Jahres 1976. Der Mittagszug aus Schlettau ist soeben angekommen. Links im Bild ist die Hochsiloanlage des VEB Obererzgebirgische Kalkwerke ersichtlich.
Foto: Siegfried Bergelt

Am 13.09.1982 wartete 86 1001 auf den Abfahrtsbefehl in Crottendorf unterer Bahnhof. Gut sind die im Text erwähnten Hochbauten zu erkennen.
Foto: Rainer Heinrich

Unmittelbar neben dem Crottendorfer Rathaus (links im Bild) wurde die hier noch schmale Zschopau auf einer Blechträgerbrücke überquert und danach niveaugleich die Annaberger Straße. Die 86 1001 fährt mit ihrem Zug Richtung Schlettau, fotografiert am 27.05.1982.
Foto: Rainer Heinrich

Der Bf. Walthersdorf besaß für alle Fahrtrichtungen Einfahrsignale, das im Bild zu sehende war übrigens das einzige an der Crottendorfer Strecke. 86 1501 fuhr hier am 05.05.1985 gerade mit einem Personenzug mit Güterbeförderung (Pmg) an.
Foto: Heinrich Fritzsche

Obwohl für den rationellen Nebenbahnbetrieb beschafft, Schienenbusse der BR 171 bzw. 172 kamen nie nach Crottendorf. So fuhr der 172 145 am 27.04.1990 am Inselbahnsteig (Richtung Annaberg-Buchholz) des Walthersdorfer Bahnhofes ein. Links im Bild ist die Handkurbel zur Betätigung der Schrankenanlage zu sehen.
Foto: Rainer Heinrich

Kunstbauten

Dem Umstand, dass davon nicht viele errichtet werden mussten, ist die normalspurige Ausführung der WC-Linie zu danken. Gleich nach dem Walthersdorfer Bahnhof befindet sich ein Damm mit Gewölbebogen, durch den ein Weg führt. Außer Hangeinebnung an 2 Stellen und Planieren des Bahnhofsgeländes gibt es keine weiteren Spuren von Erdarbeiten. Das kleine Zschopauflüsschen, stellenweise zur Bahn hin mit Mauer befestigt, wird zweimal vom Gleis überquert. Oberhalb des Hp Walthersdorf und vor dem Crottendorfer Rathaus befinden sich die beiden genieteten Blechträger, wenig breiter als das Maß der Gleise und ohne jedes Geländer. Auf einem weiteren Damm, mit Stützmauer, befindet sich das Ausziehgleis des oberen Bahnhofs.

Die Blechträgerbrücke am Crottendorfer Rathaus im Sommer 1980. Im Rahmen einer zentralen Oberbauerneuerung wird soeben mittels Eisenbahndrehkran das alte Gleisjoch demontiert.
Foto: W. Groß, Sammlung Bergelt

An manchen Stellen wurde das am Zschopaufluss entlangführende Streckengleis durch Mauerwerk gesichert, wie hier in der Ortslage von Crottendorf (Juni 1995).
Foto: Thomas Böttger

Sicherungstechnische Anlagen

Die Bahnhöfe Schlettau und Walthersdorf besitzen Einfahrsignale, welche statt mit Vorsignalen durch Kreuztafeln (So 6) vorangekündigt werden. Das Einfahrsignal vor dem Bf Walthersdorf ist das einzige bewegliche Signal der WC-Linie. Weil sich in der Regel nur ein Zug auf ihr befand, genügte das auch. Eine Trapeztafel (So 5) und Rangierhalttafel (Ra 10) wurden erst in den 70er Jahren vor dem oberen Bahnhof aufgestellt. In dieser Zeit, als das Läuten der Loks abgeschafft wurde, blieben von den reichlich vorhandenen Läute (Pl 3, Pl 4)- und Pfeifsignaltafeln (Pl 1, Pl 2, Pl 3) nur die Pfeifsignale übrig. Das waren Pl 1 und Pl 2 wurde mit einer Zusatztafel versehen, welche in Form einer Ziffer die Anzahl der folgenden unbeschrankten Wegübergänge angab. Außerdem gab es Geschwindig-keitsbeschränkungstafeln (Lf4), früher mit „15", kurz vor Stillegung auch mit „0" (in Worten: Null km/h), sowie die Eckentafeln (Lf4). Ziemlich spät (Ende der 60er) wurden auch die Schneepflugtafeln (So7a und b) aufgestellt. Vorher hat man sich wohl auf die Streckenkunde verlassen. Der Vollständigkeit halber seien noch die H-Tafeln (So8), Haltepunkttafeln (So9) und an den zahlreichen Gleisabschlüssen die Gleissperrsignale (Gsp0) erwähnt. Mit beweglicher Gleissperre als Flankenschutz ausgestattet ist das Ladegleis im Bf Walthersdorf sowie - bis zu seinem Rückbau - auf dem unterem Bahnhof. Als das Walthersdorfer Ladegleis südlich noch ins Streckengleis einmündete, befand sich die Gleissperre dort, und das Güterbodengleis war Flankenschutz in nördliche Richtung. Der obere Bahnhof besaß vier kombinierte Kopf- und Seitenrampen (jeweils eine an jedem der 4 südlichen Gleisabschlüsse), dazu kommt die Seitenrampe am Güter-

Am 31.05.1982 hatte die 86 1001 mit der Reko-Standard-Wagengarnitur gerade den Bf. Walthersdorf verlassen, in der Bildmitte im Hintergrund sieht man das Einfahrsignal.
Foto: Thomas Böttger

schuppen. Die restlichen beiden (nördlichen) Gleisabschlüsse wurden Ende der 60er Jahre mit Festprellböcken aus Schienenprofilen ausgestattet. Vorher war der Prellbock am Ausziehgleis ein schwellenumrandeter Schlacke- und Erdhaufen, am Güterbodengleis war es ein bestens gepflegtes Stiefmütterchenbeet mit Altschwelle als Beetkante zur Gleisseite hin. Vorsichtshalber lag etwa 5 m davor ständig ein Radvorleger auf dem Gleis.

Schrankenanlagen gab es zwei an der WC-Strecke, und zwar am Straßenübergang vor der Abzweigweiche am Bf Walthersdorf, und im Bf Walthersdorf zur Sicherung des Zuganges zum Inselbahnsteig. Beide waren handbedient. Die Kurbelwerke befanden sich im Freien vor dem Empfangsgebäude. Die restlichen Straßen-, Weg- und Hauseingangs-Übergänge waren über 100 Jahre lang sämtlich ungesichert, bis kurz vor dem Ende. Die Übergänge der Hauptstraße oberhalb des Hp Walthersdorf und in Crottendorf erhielten Haltlichtanlagen, welche vom Zugpersonal vor Ort - der Zug musste anhalten - manuell ein- und ausgeschaltet werden mussten.

Der niveaugleiche Übergang der Kreisstraße Sehma-Walthersdorf war durch eine Schrankenanlage gesichert.
Am 20.08.1976 begegnete die ausfahrende 86 1775 hier nur einem Geländewagen rumänischer Herkunft.
Foto: Thomas Becher

Die typische Situation mit der die Crottendorfer 107 Jahre lang lebten, Grundstücke und Häuser entlang der Bahnlinie waren nur über ungesicherte Wegübergänge zu erreichen.
Foto: Thomas Böttger

Lokomotiven

Fotos aus der Anfangszeit der Bahnlinie belegen, dass das erste eingesetzte Triebfahrzeug die sächsische VT gewesen ist, in der ersten Bauform von 1872 und der zweiten von 1896. Von der dritten Bauform ist nichts überliefert.

Nachfolgerin der VT war wohl die preußische T9, welche bis in die 30er Jahre hinein Crottendorfer Züge beförderte.

Nicht bewiesen, aber auch nicht auszuschließen ist, dass jemals die BR 64 und 75.5 in Crottendorf waren, die vor und während des 2. Weltkrieges von Schlettau aus die Zwönitzer Linie befuhren.

Vor dem 2. Weltkrieg begann der Einsatz der BR 86. Ihr Planeinsatz endete (vorerst) 1977. Seitdem übernahm die V 100 (110) alle Zugleistungen. Der zwischenzeitliche Dampf-Planeinsatz der BR 86 in den Jahren 1982 bis 1988 brachte einen enormen Sprung im weltweiten Bekanntheitsgrad der kleinen Erzgebirgsstrecke.

Die BR 38.2-3 befuhr in den 50er und 60er Jahren ebenfalls die Crottendorfer Strecke, jedoch stets als Ausnahme, meist für einen Tag. Über eine Woche lang war sie tätig, als in Schlettau an der Wasserversorgung gebaut wurde, und der nächste Wasserkran in Buchholz angefahren werden musste. Der Lokbahnhof Schlettau wurde nach dem Krieg wegen Wegfall der Linie Elterlein-Zwönitz stillgelegt, und die Loks wurden von Buchholz aus eingesetzt. Dadurch gab es viele Lz-Fahrten zwischen Schlettau und Buchholz.

Vor der Zschopaubrücke am Rathaus in Crottendorf entgleiste am 23. Januar 1913 ein Zug. Dicht gedrängt stehen Neugierige aller Generationen und beobachten bei grimmiger Kälte die einsetzenden Bergungsarbeiten. Solche Ereignisse wurden immer fotografisch dokumentiert, so dass uns diese Aufnahme der VT mit der Betriebsnummer 1656 erhalten blieb.
Foto: Sammlung Siegfried Bergelt

Die letzten Triebfahrzeuge auf der Crottendorfer Strecke waren die Diesellokomotiven der Reihe V 100, später als 110 bzw. 112 bezeichnet. Das Foto zeigt die 110 in Crottendorf oberer Bahnhof im Jahre 1978.
Foto: Siegfried Bergelt

Personen- und Gepäckwagen

In der Anfangszeit waren es kleine sächsische Wagen 2. bis 4. Klasse mit drei oder vier Seitenfenstern und offenen Einstiegsbühnen aus den Jahren 1873/74.

Etwa in den 20er Jahren erfolgte der fließende Übergang zu den bis Ende der 50er Jahre eingesetzten zweiachsigen Abteilwagen der Baujahres 1910/12. Die Regelgarnitur der 50er Jahre war wie folgt zusammengesetzt (Fahrtrichtung Schlettau-Crottendorf): 3 Wagen der ehem. 2./3. Klasse mit 6 oder 7 Abteilen + 1 Wagen der ehem. 4. Klasse (als Traglastenwagen eingerichtet) + Gepäckwagen Pw sa 10. Nach und nach wurden die Wagen modernisiert (Verschließen jeder 2. Abteiltür, elektrische Beleuchtung, Hartpolstersitze, kurze Trittbretter). Im Ausnahmefall kam mitunter ein oder mehrere Behelfspersonenwagen zum Einsatz, ein anderer Gepäckwagen (kurze Variante Pwg sa 07) oder ein Dreiachser. In Schlettau standen ständig 3 Abteilwagen zur Verstärkung bereit, welche zu Schul- und Heimatfesten, zur Kirmes, Kirchentagen o. ä. an den Packwagen hinten angekuppelt wurden.

Etwa mit Wechsel des Jahrzehntes wechselte auch die Standard-Wagengarnitur. Der Übergang zog sich bis 1964 hin und war sehr abwechslungsreich. Da die Abteilwagen rekonstruiert wurden, kamen ständig andere alte Modelle zum Einsatz. Das waren preußische und sächsische dreiachsige Packwagen, sächsische vierachsige Abteilwagen, eine Doppeleinheit aus dreiachsigen Oberlichtwagen der ehemaligen Berliner Dampf-S-Bahn, ein ehemaliger PwPosti, usf.

1968 verkehrte für einige Tage diese Abteilwagengarnitur auf der Crottendorfer Strecke, wo seit einiger Zeit die Behelfspersonenwagen Standard waren. Diese oder eine ebensolche Zuggarnitur wurde damals als Requisit für den DEFA-Film "St. Urban" verwendet. Für diesen, vom Uranbergbau der SDAG Wismut handelnden Spielfilm, wurden im Raum Aue Filmaufnahmen gemacht.
Foto: Siegfried Bergelt

Die Arbeitsgemeinschaft Modelleisenbahn bekam 1969 diesen Behelfspersonenwagen gestellt, weil im Buchholzer Bahnhof Modellbahnanlagen für eine Hobby-Ausstellung benötigt wurden. Die DR führte unentgeltlich den Transport durch - als Gegenleistung erhielt sie in Form der Modellbahn-anlagen eine publikumswirksame Nachwuchs- und Verkehrswerbung. Foto: Siegfried Bergelt

Die typische Crottendorfer Zuggarnitur der 70er und 80er Jahre bestand aus drei 2- oder 3-achsigen Rekowagen und einem Packwagen. Hier auf Fahrt bei Walthersdorf am 25.04.1987.
Foto: Thomas Böttger

1964 bestand die Standardgarnitur aus Behelfspersonenwagen: 3 Bib oder Bibp (gepolstert) + 1 Bbtrp (Traglaster mit Seitentüren, gepolstert) + Pwgs88 (D).

Ende der 60er wurde auf drei Personenwagen reduziert, und 1970 war zunächst ein Behelfspersonenwagen (der bergwärts erste) durch einen dreiachsigen Rekowagen ersetzt worden, bis schließlich alle drei erneuert waren. Diese Zusammenstellung hielt sich bis Ende der 80er Jahre, als generell alle 2- und 3-achsigen Rekowagen aus dem Verkehr gezogen wurden. Vierachsige waren die Nachfolger. 2 oder zeitweise 3 Halberstädter Bghw, mit und später ohne Pwgs88. Die letzten Jahre, als auch die Bghw ausgemustert wurden, waren zwei lange Halberstädter in grün-beiger Farbe die Crottendorfer Zuggarnitur, zur allerletzten Fahrt durch den Speisewagen des VSE Schwarzenberg verstärkt.

Drei Generationen Crottendorfer Personenzug-Garnituren zeigen die Abbildungen auf diesen zwei Seiten.
Oben ein Train bestehend aus Abteilwagen, gezogen von 86 218, im Jahre 1968 vor Crottendorf unterer Bahnhof.
Unten ein Personenzug gebildet aus Behelfspersonenwagen zwischen unterem und oberem Bahnhof im Jahre 1969. Als Zuglok fungiert hier 86 121.
Fotos: Siegfried Bergelt

Bis zur vollständigen Ausmusterung der zwei- und dreiachsigen Rekopersonenwagen bei der DR Ende der 80er Jahre, waren unter anderem die letzten Exemplare hier im Einsatz. Das Foto wurde am 06.09.1986 hinter Walthersdorf Hp. aufgenommen.
Foto: Thomas Böttger

Güterwagen

Von Anfang an waren auf der WC-Strecke die Güterwagen ein ganz wesentlicher Teil des Betriebes. Die Typenvielfalt war groß. In Reihenfolge der Häufigkeit kamen nach Crottendorf folgende Gattungen: Offene Güterwagen, Klappdeckelwagen, gedeckte Güterwagen, Rungen- und Schienenwagen, Kesselwagen, Topfwagen; jeweils in den Bauarten ihrer Zeit, auch von anderen Bahnverwaltungen. Kühlwagen kamen nie nach Crottendorf, bis auf eine Ausnahme. Mitte der 70er Jahre traten sie für ca. 2 Wochen gehäuft auf, alles ziemlich neue Zweiachser. Sie wurden sämtlich mit verzinkten Flaschenkästen beladen (Erzeugnis des VEB Cromefa). Danach war Crottendorf wieder kühlwagenfrei. An Besonderheiten sind zu nennen: ein Schemelwagenpaar, das mit Baumstämmen beladen wurde und nur durch die Ladung gekuppelt war, ein dreiachsiger gedeckter Wagen mit hochstehendem Bremserhaus, ein dreiachsiger X-Wagen, ein zweiachsiger Kesselwagen mit zwei kurzen Kesseln hintereinander, ein dreiachsiger preußischer Postwagen, welcher leere Postmietkartons brachte, und ein Fährbootwagen (G-Wagen mit englischem Profil). Von anderen Bahnverwaltungen ist ein zweiachsiger gedeckter Wagen der Sowjetischen Staatsbahn zu nennen, sowie ein gedeckter Wagen der GySEv, gedeckte und offene der SNCF, ÖBB, DB, Rungenwagen der SJ. Wagen aus den Ostblockstaaten, vor und besonders nach Gründung des OPW, waren eher Regel als Ausnahme.

An der Kalkverladerampe des Oberen Bahnhofes gaben sich 1968 Waggons zweier Generationen ein Stelldichein: Der fast neue vierachsige LOWA-Wagen und der kleine Klappdeckelwagen aus der Länderbahnzeit.
Foto: Siegfried Bergelt

Auch modernere Ladetechnologien kamen bis ins obere Erzgebirge. Dieser "Containerzug" war im Januar 1970 auf dem Crottendorfer oberen Bahnhof zu sehen.
Foto: Siegfried Bergelt

Betriebsstellen

km	Bezeichnung	Bemerkungen
7,1	Bf Schlettau	584,75 m ü NN Strecke 450 Annaberg - Schwarzenberg (km „0" in Annaberg-B. Süd) Ausgangspkt. der Züge nach Crottendorf
5,9 / 0	Bf Walthersdorf	588,1 m ü NN Abzw. der Crottend. Strecke (km „0"); km 5,9 zu Strecke 450
1,2	Hp Walthersdorf	590,3 m ü NN
3,9	Bf Crottendorf unt	629,5 m ü NN ab ca. 1965 Haltepunkt
5,2	Bf Crottendorf ob	650,2 m ü NN km 5,4 am Gleisabschluss

Die sächsische VT

Sie ist vermutlich die erste Loktype, welche in Crottendorf Dienst tat. Aus der Anfangszeit der Crottendorfer Bahnlinie sind keine Fotos bekannt, welche eine andere Loktype zeigen.

Von der VT (Bezeichnung nach dem Nummernschema der Königlich Sächsischen Staatseisenbahn) gab es mehrere Varianten, allesamt geliefert von der Chemnitzer Maschinenfabrik Richard Hartmann. Im Zeitraum von 1872 bis 1920 verließen 140 Exemplare das Werk. Somit war die VT damals eine moderne Maschine. Sie war bald auf allen normalspurigen Schienensträngen Sachsens zu Hause.

Als die Züge in den 20er Jahren immer länger und schwerer, die unwirtschaftlichen Doppelbespannungen häufiger wurden, kam das Bedürfnis nach stärkeren Loks auf, und die VT bekam neue Aufgaben, meist als Rangierlok auf großen Bahnhöfen. Sie gehörte aber noch lange nicht zum alten Eisen. Von den 69 Stück, welche zu der neu gegründeten Deutschen Reichsbahn-Gesellschaft (dort nannte man sie Baureihe 89.2) gelangten, wurden Ende der 60er Jahre noch einige lebend, sprich unter Dampf, gesehen, z. B. in Zwickau, Hilbersdorf oder Dresden. Leider gingen sie alle den Weg alten Eisens. So bleiben nur die Modelle der Baugrößen H0 und TT als Erinnerung erhalten.

Der Bahnhof Obercrottendorf um das Jahr 1900, eine sächsische VT hat sich vor den Zug Richtung Schlettau gesetzt. Das Empfangsgebäude befindet sich noch im ursprünglichen Zustand. Rechts im Bild ist eine handbetriebene Pumpe an einem Brunnen ersichtlich.
Foto: Sammlung Claus Schlegel

Einige Jahre später entstand dieses Foto an ähnlicher Stelle.
Das Empfangsgebäude ist rechts um eine Fensterreihe erweitert worden, die eisernen Lettern lauten nun "Crottendorf ob Bf". Die damalige Stamm-Lok (eine VT) hat nun auch ein Lokschild an der Rauchkammertür.
Foto: Sammlung S. Bergelt

Die T9

Ein altes Foto zeigt die Lok auf der Seite liegend. Dabei handelt es sich um die 91 1698 (Reichsbahn-Baureihenbezeichnung). Die 91 1698 war nachweislich von März 1932 bis November 1934 in Buchholz/Sa. beheimatet. Ein weiteres Foto zeigt eine T9 (preußische Bezeichnung) in entgleistem Zustand in Höhe der Crottendorfer Martin-Fabrik am 9. Mai 1926.

Die T9 ist eine für die Preußische Staatsbahn (KPEV) entwickelte und für diese in 2055 Exemplaren gebaute Lokomotive. Mehr als 150 Stück wurden an andere Bahnverwaltungen geliefert, einige davon sicherlich an die Königlich Sächsische Staatseisenbahn. Anders ist das Vorhandensein der Lok im Jahr 1926 bei der Martin-Fabrik nicht zu erklären. Nach dem Ersten Weltkrieg mussten u. a. etliche T9-Loks als Reparation nach Frankreich und Belgien abgegeben werden.

Die Deutsche Reichsbahn Gesellschaft, in der die alten Länderbahnen aufgingen (preußische, sächsische, bayrische usw.) wurde erst 1920 gegründet. Bei ihr erhielten die T9-Loks die Baureihennummer 91. Zwischen den Weltkriegen waren sie auch auf der „Obererzgebirgischen Aussichtsbahn" Schlettau-Zwönitz-Stollberg eingesetzt, deren Reststück bis Elterlein bis zu seiner Stilllegung 1966 mit der Crottendorfer Strecke eine betriebliche Einheit bildete.

Gegenüber der VT stellte die T9 einen Fortschritt dar, wie auch aus der einschlägigen Literatur zu ersehen ist.

Die T9 war zu ihrer Zeit eine erfolgreiche Lokomotive. Die letzten Exemplare waren bis Ende der 60er Jahre, meist auf Werkbahnen (Hafenbahn Torgau, Industriebahn Erfurt) in Betrieb. Leider sind von der T9 im Crottendorf-Einsatz vielmals nur Entgleisungsfotos bekannt; der normale Betrieb war für die Altvorderen wohl uninteressant.

Gegenüber der Martin-Fabrik entgleiste am 9. Mai 1926 eine T9 auf Grund eines Schienenbruches. Trotz Regen hatten sich viele Schaulustige eingefunden. Der Hilfszug mit einer VT-Lok ist bereits eingetroffen.
Foto: Sammlung Claus Schlegel

Diese Entgleisung, bei der die zur Baureihe 91 umbenannte T9-Lok sogar auf die Seite kippte ereignete sich am 16. Mai 1933 zwischen Crottendorf und Walthersdorf.
Foto: Sammlung Claus Schlegel

Die Baureihe 86

Keine andere Lokomotive ist wohl für Crottendorf so typisch gewesen wie die Baureihe 86. Das zuerst gebaute Exemplar mit der Fabriknummer 2356, im Jahre 1928 in der Maschinenfabrik Karlsruhe gebaut, durch die Deutsche Reichsbahn am 5.7.28 abgenommen und „86 001" genannt, absolvierte seine letzte Plandienstzeit, mit neuer EDV-gerechter Nummer „86 1001-6" ausgestattet, bis Ende der 80er Jahre in Crottendorf und existiert noch heute als Museumslok. Allerdings ist ihre Kesselfrist 1999 abgelaufen, dem Besitzer DB Reise und Touristik fehlt das Geld und Interesse, sie hauptuntersuchen zu lassen. Heute sind sicherlich die wenigsten Bauteile der 86 001 noch original, aber es ist eben die 001. Der erste Vorsitzende der ehemaligen AG Modellbahn, Christfried Melzer, zeigte oft voller Stolz ein kleines 6 x 6-Foto, welches ihn neben der 86 001 stehend zeigte, und zwar im Jahr 1935 zur Jubiläumsausstellung „100 Jahre Deutsche Eisenbahn" in Nürnberg.

Auf der kleinen Crottendorfer Strecke ist tatsächlich ein Stück deutscher Eisenbahngeschichte abgelaufen, welches in den 80er Jahren mit den planmäßigen 86er Einsätzen seinen Höhepunkt hatte. In dieser Zeit wurde die kleine Strecke überregional bekannt.

Zurück zu den 20er Jahren. Die junge Deutsche Reichsbahn hatte sich mit einer großen Typenvielfalt ehemaliger Länderbahnloks herumzuplagen. Diese waren hoffnungslos veraltet, meist in Nassdampfausführung, und ließen keinen effektiven Einsatz mehr zu. Deshalb wurde ein Lokausschuss einberufen, der ein Typenprogramm vorgab, und die Lokfabriken konnten dazu ihre Entwürfe einreichen. Es entstanden die so genannten Einheitslokomotiven, von denen unsere 86er eine wohlgelungene Vertreterin ist. Sie war von vorn herein als Nebenbahnlok konzipiert, mit nur 15 Mp Achslast für schwach gebaute Strecken. Vier angetriebene Achsen geben ihr ein genügend großes Reibungsgewicht auch für Steigungen sowie eine gute Anfahrbeschleunigung. Sie ist, wie ihre beiden Vorgängerinnen VT und T9, eine Tenderlok, d. h. die Vorratsbehälter befinden sich auf der Lok. In beide Richtungen kann sie maximal 80 km/h fahren. Durch die Einsätze in Crottendorf am Ende der Dampflokära ist sie zum Rekordhalter „Dienstälteste normalspurige Einheitstenderlok" geworden. In Sachsen gibt es wohl keine Normalspurstrecke, auf der nicht im Laufe ihres Bestehens einmal 86er gefahren wären. Sie beförderten alle Zugarten, so z. B. auch den Schnellzug Berlin-Cranzahl (ab 1969) auf der Teilstrecke von/bis Werdau.

Gebaut in 774 Exemplaren von fast allen deutschen Lokfabriken im Zeitraum 1928 bis 1943. Die westdeutsche Bundesbahn übernahm 385, die Deutsche Reichsbahn (Ost) 175 Stück.

Das Bahnbetriebswerk Buchholz erhielt schon frühzeitig fabrikneue 86er. In einem Crottendorfer Familienalbum sah ich ein kleines 6 x 9-Foto, welches einen Zug im Bf Walthersdorf mit der 86 002 am Crottendorfer Bahnsteiggleis zeigte. Damals, 1939, war es aber möglich, von diesem Gleis außer nach Crottendorf auch in Richtung Buchholz auszufahren.

Recherchen ergaben, dass die 86 002 am 16.07.1928 an das Bahnbetriebswerk Breslau ausgeliefert worden war. 1936/37 gehörte sie zum Bw Chemnitz und ist bei Kriegsende in der CSR verschwunden.

Rar sind die Bilddokumente vom Einsatz der BR 64, welche als T9-Nachfolgerin im Lokbahnhof Schlettau beheimatet war. Hier 64 279 vor einem Zug nach Crottendorf im Jahre 1943.
Slg.:S. Roßberg

Nachdem die 86 1245 als "letzte" 86er die Crottendorfer Strecke verlassen hatte, war sie am 23.05.1978 in der Einsatzstelle Annaberg-Buchholz Süd als Heizlok noch immer unter Dampf.
Foto: Thomas Böttger

86 1001 fährt am 30.01.1987 mit dem Abend-Personenzug am Hp Walthersdorf an.
Foto: Thomas Becher

Nur die Toten kehren nicht zurück - den Auftakt eines neuen "Dampfzeitalters" auf der Crottendorfer Schiene gab die Museumslok 86 1001. Am 31.05.1982 ließ sie sich von "Star" und "Schwalbe" auf der parallel verlaufenden Gemeindestraße überholen.
Foto: Thomas Böttger

In den 70er Jahren befuhren die 86er des Bahnbetriebswerkes Aue noch etliche Strecken im oberen Erzgebirge. Hier die 86 1775 mit einem Güterzug aus Crottendorf im Bahnhof Walthersdorf, am 20.08.1976.
Foto: Thomas Becher

Konkurrenz belebt das Geschäft - in diesem Fall wird es wohl nicht zutreffen. Parallel führende Buslinien z. B. in die Kreisstadt Annaberg, zogen schon zu DDR-Zeiten Fahrgäste von der Eisenbahn ab. Am 26.05.1987 fuhr am Ortseingang von Crottendorf ein "Ikarus 256" an der 86 1056 vorbei.
Foto: Thomas Becher

Güterzüge aus Crottendorf machten im Bahnhof Schlettau Kopf und fuhren bis Annaberg-Buchholz Süd durch. Die 86 1501 dampfte am 07.03.1987 vor der Kulisse des Scheibenberges ihrem Ziel entgegen. Bei der im Hintergrund zu sehenden Ortschaft handelt es sich um Walthersdorf.
Foto: Thomas Böttger

In Walthersdorf führte die Eisenbahnstrecke unmittelbar an einigen Bauernhöfen vorbei, am 29.07.1975 begegnete hier der Fotograf der 86 1591.
Foto: W. Scholz (†), Sammlung Hengst

Ein Bild aus den letzten (planmäßigen) Betriebstagen der Baureihe 86. Am 14.05.1988 fuhr die 86 1501 noch durch Crottendorf. Ein paar Tage später, kurz vor Fahrplanwechsel, am 25.05.1988, griff der Leiter der damaligen "politischen Abteilung der RBD Dresden" selbst ins Geschehen ein. Aus Angst vor dem rebellierendem (Eisenbahn)-Volk ließ er die 86 1501 nach Aue überführen und dort kalt abstellen. Dass durch diesen "geistreichen" Eingriff ins Betriebsgeschehen einige Züge ausfielen, spielte keine Rolle, die Hauptsache war, die "Partei" hatte wieder mal recht . . .
Foto: Gunter v. Hartwig

Später erinnerte an Dampflokzeiten nur noch dieser geschnitzte Wegweiser an der Annaberger Straße in Crottendorf.
Foto: Thomas Böttger

Im Jahre 1974 wurde ein überlanger Sonderzug für einen Betriebsausflug des "VEB Cromefa" in Crottendorf oberer Bahnhof bereitgestellt. 86 1591 hatte dabei acht Rekowagen im Schlepp.
Foto: Christfried Melzer (†), Sammlung Bergelt

Am 07.09.1975 warteten nur wenige Fahrgäste am Walthersdorfer Haltepunkt, auf die Einfahrt des mit 86 1608 bespannten Personenzuges.
Foto: Heinz Finzel (†), Sammlung Hengst

Eisenbahngeschichten

Die 40er und 50er Jahre

Seit 1949 wohnte ich mit meinen Eltern auf dem „Schießberg" mit Panoramablick auf den Crottendorfer oberen Bahnhof. Im selben Jahr trat mein Vater Max dort eine Stelle als Rangierer und Bahnhofsarbeiter an. Ständig konnte ich mich dunkel daran erinnern (wie man sich eben an sein zweites Lebensjahr erinnern kann), dass man mich mit Wolldeckenunterlage auf ein Fensterbrett setzte und alsbald ein Pfeifen und Bimmeln die Aufmerksamkeit auf mich zog. Danach erkannte ich die Dampfwolke und das Züglein jenseits des damals noch unbebauten und baumfreien „Süß-Michel-Feldes" - und ich war infiziert. Nach einigen Jahren, als ich schon zur Schule ging, war das Züglein immer noch dasselbe, und an den Schildern der Lok konnte ich z. B. „86 039" oder „86 389" lesen.

Die Standard-Zuggarnitur jener Jahre bestand aus vier sächsischen Abteilwagen 3. Klasse. Einer davon, meist der zwischen den 3 anderen und dem am talseitigen Zugende befindlichem Gepäckwagen eingereiht, war für Reisende mit Traglasten eingerichtet. Dieser, ein ehemaliger 4. Klasse-Wagen, hatte nur in den Abteiltüren je ein Fenster. Die 4. Klasse war aber schon abgeschafft, und der Wagen wurde einfach zur 3. Klasse ernannt. Der Packwagen stammte wie die Personenwagen von der Waggonfabrik Busch in Bautzen und wurde etwa ab 1911 gebaut. Die Personenwagen hatten lange Trittbretter, auf denen während der Fahrt der Schaffner zwecks Fahrkartenkontrolle von Abteil zu Abteil und von Wagen zu Wagen hangelte.

Blick aus der elterlichen Wohnung des Autors zum oberen Bahnhof und zum Scheibenberg (807 m über NN).
Im Mai 1974 gab es hier gerade eine "Kühlwagenschwemme" (siehe Seite 67).
Dieser Ausblick, verbunden mit der Geräuschkulisse des Crottendorfer Zügleins, war wohl der Grund für die Infizierung mit dem "Eisenbahnbazillus".
Foto: Siegfried Bergelt

Die historische Luftaufnahme von Crottendorf aus den dreißiger Jahren zeigt rechts unten einen Teil des Wohnhauses der Familie Bergelt auf dem "Schießberg" sowie in der Bildmitte den oberen Bahnhof.
Foto: Sammlung Claus Schlegel

Die 86er Loks besaßen meist noch die ursprüngliche Bauform: Genietete Wasserkästen mit nur kurzer Aussparung über den Zylindern, Druckausgleichern auf den Zylinderblöcken und Aufstiegsleitern seitlich hinter den vorderen Laternen. Das große Handrad am Vorwärmer aber fehlte bereits. Ein Wechsel der Durchströmungsrichtung, wozu dieses Handrad diente, stellte sich bald als überflüssig heraus.

Nicht zur ursprünglichen Ausstattung der 86er gehörten die hohen Bretteraufsätze auf dem Kohlebehälter. Diese waren nötig, um den geringen Kaloriengehalt der Rohbraunkohle durch eine größere Menge wenigstens teilweise zu ergänzen, denn schlesische Steinkohle stand nicht mehr zur Verfügung. War das ein Funkenfeuerwerk, welches bei Dunkelheit, aus dem Schornstein quellend, zu sehen war! Für den armen Heizer muss es eine Schinderei gewesen sein. Und was wurden damals für Transportleistungen erbracht! Alle Züge waren PmG, d. h. Personenzüge mit Güterbeförderung. Das ist eine Zugart, bei der je nach Bedarf mehr oder weniger Güterwagen an den Personenzug angehängt und rationell mitbefördert werden. Bei den heute bestehenden verschiedenen Geschäftsbereichen der DB würde diese Methode schon auf buchführungsmäßige Widerstände stoßen. Damals fuhren die Züge nie leer, es gab keinen Tarif-Dschungel und die Fahrpreise waren für jedermann erschwinglich.

In Schlettau standen damals ständig drei Abteilwagen bereit, so genannte Verstärkungswagen. Wenn in einem Anliegerort Kirmes war oder auch z. B. zum Crottendorfer Schul- und Heimatfest 1955, wurden diese an den Zug zusätzlich angekuppelt, meist hinten an den Gepäckwagen, welcher sich dann etwa in Zugmitte befand. Meist waren dann alle sieben Personenwagen auch voll besetzt.

Deshalb musste an solchen Fest-Wochenenden der Güterverkehr einmal zurückstehen.

Der Eisenbahn - Güterverkehr in den 50er Jahren

Mit der Zeichnung auf Seite 38 habe ich versucht wiederzugeben, was damals so an Güterwagen und Ladungen von und nach Crottendorf gerollt ist. Der Frühzug gegen 5 Uhr brachte meist bis zu 7 Güterwagen mit. Man hörte schon am Auspuffschlag der Lok, ob sie es leicht oder schwer hatte. Schwer war es, wenn keine (leeren) Kalkwagen, sondern mehrere Wagen mit Kohle für die örtlichen Kohlenhändler oder mit „Kohlendreck" für die Nasspressstein-Herstellung in der ehemaligen Ziegelei hinter dem Gepäckwagen hingen. Kohle, Kalk und Holz machten wohl die größten Transportmengen aus.

Wenn der angekommene Zug am Bahnsteig hielt, standen die Güterwagen noch über den Bahnübergang hinweg, bis in die Steigungsstrecke neben dem „Richter-Haus". Nach Aussteigen der Fahrgäste zog der Zug vor und machte den Bahnübergang frei. Von Ankunft bis Abfahrt des Zuges war etwa eine halbe Stunde Zeit. In dieser Zeit mussten die angekommenen Güterwagen auf die Ladegleise verteilt, eventuell abgehende an den Zug rangiert werden. Der Vorgang „Rangieren" wurde von den Eisenbahnern scherzhaft „Hobeln" genannt.

Damals gab es die beiden Kalkverladeanlagen noch nicht. Kalk-Rohsteine in der durchschnittlichen Abmessung von etwa einem halben Meter wurden per Hand in Flachwagen mit niedrigen Bordwänden geladen (Gattung R, RR, X), Branntkalk vom LKW in Klappdeckelwagen geschaufelt. Meist geschah dies an der „Schmiedel-Rampe" und am „Hauptgleis". Noch heute erinnere ich mich, als ich damals mit meiner Mutter dort vorbeiging, an die freundlichen Worte des Verladearbeiters Kurt Assmann (auch unter dem Pseudonym „Senf" bekannt): „Schschööne Frau, Schschteine verladen . . ." In der knappen Zeit mußten die beladenen Wagen auch noch gewogen werden. Dazu fuhr die Lok mit den Wagen auf die Gleiswaage am Güterschuppengleis. Mittels einer großen Handkurbel wurde dann die Wiegeplattform hochgedreht, so dass der Wagen mit seinen Rad-Laufflächen von den durchgehenden Fahrschienen abhob und nur mit den Spurkranzspitzen auf der Wiegeplattform stand. Bei Wagen mit großem Achsabstand musste dieser Vorgang zweimal ausgeführt werden. Als schließlich der Zug abfahrbereit am Bahnsteig stand, musste noch das Reisegepäck und Expressgut am Packwagen aus- und eingeladen werden. Vieles ging nur im Laufschritt. Ich konnte oft nicht verstehen, dass Crottendorf keine „Kö" (Diesel-Kleinlok) hatte, wie viele andere Bahnhöfe mit oftmals weniger Güteraufkommen. Dann hätte die Wagenverteilung und -zusammenstellung nicht in dieser knappen Zeit von der Zuglok erfolgen müssen. Aber auch „zwischen den Zügen" hatten mein Vater und seine Kollegen (damals waren das der Schulz, Heinz und Engelmann, Alfred, später Weiß, Hans und Süß, Gotthard) trotzdem keine Langeweile.

Der Vater des Autors, Max Bergelt,
beim Schmieren einer Weichenzunge
auf dem oberen Bahnhof.
Foto: Siegfried Bergelt

Sie verluden Stückgut in gedeckte Wagen, gaben selbiges an Empfänger aus oder
nahmen es an, ebenso Expressgut. Sie schmierten die Weichen, zündeten abends deren
Petroleumlaternen an, reinigten die Bahnhofstraße oder schippten im Winter Schnee.
Manchmal ging mein Vater auch zu den Kohlehändlern Gräbner, Erich oder Hunger,
Wipp, um einen Kohlewaggon vorzumelden, denn Telefon gehörte noch nicht zur
Grundausstattung. Für mich war dies eine schöne und interessante Zeit. Ich besuchte
meinen Vater oft auf dem Bahnhof. Dabei hielt ich mich aber strikt an seine Anweisungen,
um vom gestrengen Herrn Rohleder, dem Vorsteher, oder vom Kratzsch, Viktor, Schubert
Helmut oder Süß, Kurt nicht des Platzes verwiesen zu werden. So konnte ich im
Güterboden bei Annahme und Ausgabe zuschauen, beim Weichenschmieren helfen
oder auch mal einen mit Brechstange bewegten Stückgutwaggon vom erhöhten
Bremserhäuschen aus abbremsen. Dabei fühlte ich mich als kleiner Lokführer. Auch der
Güterboden war eine Welt für sich. Es gab einen Lattenverschlag, in dem Betriebsstoffe
wie Petroleum, Karbid, Ersatzbrenner- und Dochte, Schmieröl, Weichenbesen etc.
aufbewahrt wurden, eine Stückgutwaage, ein Schreibpult und die „Arbeiterstube", den
spärlich eingerichteten Pausenraum der Rangierer. Im Dachgebälk hing ein verstaubter
Kranz vom 10-jährigen Bahnjubiläum „1889-1899". Als Güter wären Kisten voller Nägel
zu nennen (es fielen manchmal einige aus den Ritzen). Die Nägel, ein Produkt der
Cromefa, waren mangels Runddraht aus Blechen gestanzt und hatten daher rhombusför-
migen Querschnitt. Außerdem erinnere ich mich an unverpackte Elektromotoren,
Reisekoffer, Blechkästen voller Filmrollen fürs Kino oder herrlich duftende Körbe - oben
mit Stoff zugenäht - aus den Obstanbaugebieten sowie Korbflaschen mit weniger
genießbarem Inhalt, oder zylindrische Pappbehälter mit Duftstoffen für die
Räucherkerzchen-Produktion. Das Garnveredlungswerk (Altmann) hatte seine leeren
Garnkisten im „Schauer" aufbewahrt, oft kletterten Kinder darin herum, mangels anderer
Abenteuerspielplätze. Die Bandweberei versandte ihre Erzeugnisse in Pappkartons als
Expressgut.
Eines Tages kam als „Dienstgut" ein eigentümliches Gerät an. Es hatte zwei Griffe wie eine
Schubkarre, daran Hebel und Bowdenzüge wie am Moped, einen ebensolchen Motor
und ein hartgummibereiftes Rad mit beiderseits Spurkränzen.

Aus der Fachzeitschrift („Der Modelleisenbahner") wusste ich bereits, dass es sich um ein neues Rationalisierungsmittel, einen „Wagenschieber" handelte. Offenbar wusste damit niemand etwas anzufangen; eines Tages war das Gerät wieder verschwunden, und man verschob die Waggons weiter von Hand mit der Brechstange. Ende der 50er Jahre trat als ankommendes Transportgut noch die „Pressmasse" (Kunststoffpulver und Granulate) in Erscheinung, als diese Art verarbeitende Industrie in Crottendorf heimisch wurde.

Seltener, aber dafür interessant waren die Heizöl-Kesselwagen, deren Inhalt von der Firma Oel-Feig aus Annaberg an der Bahnhofstraße in das Oelauto (ein Vorkriegsmodell) umgeladen und zum Altmann oder in die Bandweberei gebracht wurde. Das Umladen geschah zunächst von selbst, nach dem Prinzip kommunizierender Röhren. Nachdem Kesselwagen und Auto gleichhohe Flüssigkeitsstände hatten, musste die Handpumpe auf dem Auto betätigt werden.

Schaulustige gab es immer, wenn „Reitschulwagen" an den Kopframpen beim Schmiedel, Max entladen wurden. Dort wurden diese mit einem mitgebrachten Lanz-Bulldog o. ä. vom Eisenbahnwagen gezogen und zum noch unbewachsenen Marktplatz (dem damaligen Festplatz) gefahren.

Regelmäßig montags verluden die Bauern des Ortes Schlachtvieh für den Schlachthof Annaberg, der damals Gleisanschluss besaß. Die Verladerampe dazu befand sich südlich des Güterschuppens vor der Gleiswaage.

Die BHG (Bäuerliche Handels-Genossenschaft) bekam außer Dünge- und Futtermittel auch Hausbrandkohle, und in diesem Zusammenhang muss ich noch auf ein hochbrisantes Rangiermanöver eingehen. Normalerweise hingen BHG-Wagen am Zugschluss und wurden mit dem Zug rückwärts ins BHG-Gleis gedrückt. Hatten aber die Schlettauer keine Zeit, Möglichkeit oder Lust, die Wagen vorzusortieren, dann hingen BHG-Wagen nicht am Zugschluss. Deshalb wurde/n der oder die dahinterhängende/n Wagen

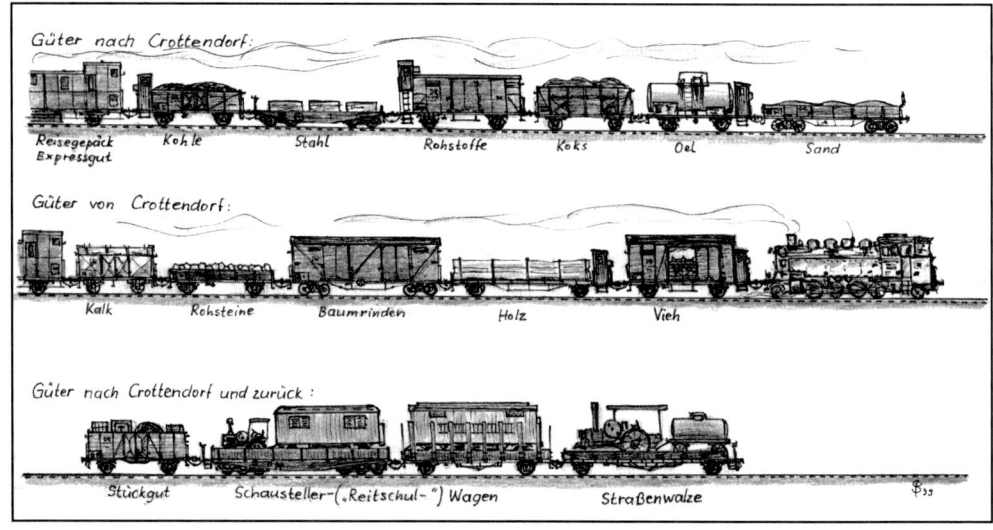

Güterzüge der 50er Jahre von und nach Crottendorf.
Zeichnung: Siegfried Bergelt

zwischen Bahnübergang und erster (Einfahr-)Weiche abgekuppelt, was eigentlich verboten war, und, wie beschrieben, der BHG-Wagen zur BHG hintergedrückt. Danach aber mussten die auf dem (dort bereits abschüssigen) Streckengleis stehenden Wagen wieder angekuppelt werden. Würde dies etwas unsanft geschehen, könnten die Wagen trotz Sicherung mit Hemmschuh oder Handbremse bei missglücktem Ankuppeln selbstständig dorfabwärts rollen. Es wurde davon geredet, dass dies auch einmal passiert sei. Als ich dieses Manöver beobachtete, waren aber alle im Bahnhof diensttuenden Eisenbahner zugegen, und es ging alles gut. Ein Rangieren nach Vorschrift hätte bestimmt 20 Minuten länger gedauert. Ein typisches Beispiel dafür, dass sich bei Dienst nach Vorschrift, ohne Improvisation, kaum ein Rad gedreht hätte. Trotzdem muss ich sagen, Sicherheit war oberstes Gebot. Sicherheit war noch in den Köpfen und wurde nicht auf irgendwelche automatischen Systeme abgeschoben. Nichts gegen diese, aber sie sind immer nur eine Ergänzung und nützen wenig, wenn Sicherheit in den Köpfen fehlt. Zum Beispiel stand innen an den Abteiltüren geschrieben: „Nicht öffnen, bevor der Zug hält!" Wurde dieser Satz befolgt, gab es keine Chance, aus dem Zug zu fallen, auch ohne automatische Systeme. So einfach ist das. Wir sind aber schon wieder beim Personenverkehr. Bei diesem fiel bald die dritte Wagenklasse weg, Personenzüge führten ausschließlich noch die 2. Klasse, deshalb wurde dort die Klasse nicht mehr gekennzeichnet. (Nur in Schnellzügen gab es noch die 1. Klasse).

Dieser Abschnitt über den Güterverkehr ist nun ziemlich lang geworden. Das wird aber seiner Bedeutung gerecht. War doch der Güterverkehr stets die tragende Säule. Mit 1,20 Mark von Crottendorf bis Annaberg, bei täglich zur Arbeitsstelle Fahrenden ein Viertel davon, konnte nicht das große Geld gemacht werden.

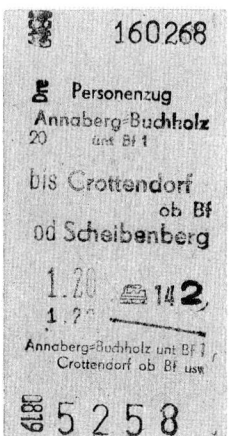  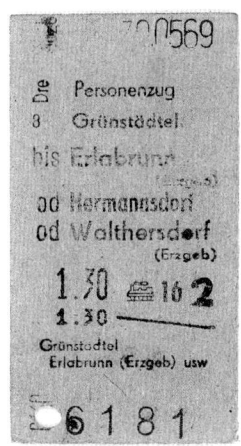

Fahrpreiserhöhungen waren in der DDR kein Thema, über Jahrzehnte galt in der 2. Klasse der Kilometerpreis von 8 Pfennig. Somit war der öffentliche Personennahverkehr, zumindest rein kostenmäßig, dem Individualverkehr überlegen. Trotz langer Fahrzeiten und teilweise ungünstiger Anschlüsse waren auch auf Nebenbahnen die Züge recht gut besetzt. Die Bestellzeit für Autos betrug im Durchschnitt 15 Jahre und Ersatzteile waren rar, deshalb schonte man lieber seinen "fahrbaren Untersatz".
Sammlung: Siegfried Bergelt

Die Baureihe 38.2-3 (sächsische XII H2)

Eine solche Lokomotive verkehrte zwar nur in Ausnahmefällen auf der Crottendorfer Strecke, aber dennoch bis Mitte der 60er Jahre ziemlich häufig.

Die BR 38.2-3, wegen des großen Tenders Rollwagen genannt, war meist auf Hauptstrecken im Personen- und Eilzugdienst eingesetzt und erledigte damals den gesamten Personenverkehr zwischen Karl-Marx-Stadt (jetzt wieder Chemnitz) und Bärenstein sowie teilweise zwischen Werdau und Annaberg. Sie war aufgrund ihrer Achslast von nur 15 Mp aber auch nebenbahntauglich. Durch die großen Vorräte im separaten Tender (Schlepptender-Lokomotive) übertraf sie den Aktionsradius einer 86er bei weitem. Deshalb war sie einmal auf der Crottendorfer Strecke über eine Woche lang im Einsatz, weil in Schlettau die Wasserversorgung außer Betrieb war, und nur in Buchholz Wasser nachgefasst werden konnte. In anderen Fällen währte ihr Einsatz nach Crottendorf aber höchstens einen Tag lang, wobei stets ihre hochtönende Länderbahn-Pfeife ihr Kommen schon von weitem signalisierte.

Die Baureihe 38.2-3, bei der Königlich Sächsischen Staatseisenbahn als XII H2 bezeichnet (H2 bedeutet Heißdampf 2-Zylinder), wurde ab 1910 bei Hartmann in Chemnitz bis 1923 in 159 Exemplaren gebaut. Für die wohlgelungene Konstruktion spricht die Tatsache, dass die Deutsche Reichsbahn, welche 124 Maschinen übernahm, im Jahr 1927 noch weitere 10 Stück nachbauen ließ. Alle 134 Loks waren nach 1945 vorhanden, und die letzten wurden bei der DR bis Ende der 60er Jahre eingesetzt [1].

Zum Rangieren war die 38er nicht so gut geeignet wie die 86er, war sie doch etwas träge bei Fahrtrichtungswechsel, was wertvolle Zeit kostete. Doch für das Rangieren war sie von den Konstrukteuren Hartmanns auch nicht vorgesehen. Ebenso nicht für lange Rückwärtsfahrten, was mangels Drehscheiben auf den Endbahnhöfen dennoch oft praktiziert werden musste. Bei dem nach hinten offenen Führerhaus war das besonders im Winter für das Personal eine windige Angelegenheit.

In Rückwärtsfahrt kam die Lok auch an jenem Sommertag an, als meine Mutter kurz zuvor einen Bus zur Betriebsausfahrt der Firma Frenzel bestiegen hatte. Es waren Schulferien, und ich hielt mich - wie konnte es anders sein - in der Nähe des oberen Bahnhofes auf. Nach Ankunft jenes Zuges erfuhren wir, dass es am Übergang beim Rathaus fast zum Zusammenstoß mit einem Bus gekommen sei. Als Mutter spätabends wohlbehalten und mit vielen schönen Eindrücken zurückkehrte, kommentierte sie den morgendlichen Zwischenfall mit dem Satz: Of aamol kam dar gruße schwarze Tender of uns zu . . .

1965 standen 38 204, 38 210 und 38 232 in Schlettau kalt abgestellt und wurden kurz darauf verschrottet.

38 205 beförderte bis in die jüngste Vergangenheit Sonderzüge zur Freude der Eisenbahnfreunde, kam so 1992 auch nach Crottendorf. Ihr Feuer erlosch Ende März 1998 im Sächsischen Eisenbahnmuseum Chemnitz-Hilbersdorf. Dem Eigentümer, der DB AG, mangelt es an Geld (und Interesse) für die anstehende Kesselrevision.

Die 38 234 mit einen Abteilwagenzug am Übergang vor dem Crottendorfer Rathaus.
Zeichnung: Siegfried Bergelt

Nochmals nach Crottendorf kehrte Anfang der 90er Jahre im Rahmen einer
Plandampfaktion eine sächsische XII H9 zurück. Hier die 38 205 (mit EDV-Nummer) zu
abendlicher Stunde auf dem oberen Bahnhof, aufgenommen am 25.02.1992.
Foto: Gunter v. Hartwig

„Bunte" Züge in den 60er Jahren

Die 60er Jahre sind, den Fahrzeugeinsatz betreffend, die abwechslungsreichsten in Crottendorfs Bahngeschichte. Bildeten in den 50er Jahren die 2-achsigen Abteilwagen die Standard-Zuggarnitur (von Sonderzügen für die Firmen Kressin und Cromefa einmal abgesehen), so kam Anfang der 60er Jahre Bewegung in den Fahrzeugeinsatz.

Bei der DR war das „Reko"-Programm angelaufen, und aus den alten Abteilwagen entstanden moderne Reko-Wagen. Solche wurden alsbald auf der Strecke Annaberg-Werdau eingesetzt. Da auch die Crottendorfer Abteilwagen von dieser Rekonstruktion betroffen waren, kam auf unserer Strecke nach und nach alles andere irgendwie verfügbare alte Wagenmaterial zum Einsatz, vom ehemaligen Privatbahn-Wagen bis zu Wagen der alten Berliner (Dampf-)-S-Bahn. Es gab einmal eine Zuggarnitur, bei der jeder der 5 Wagen einer anderen Bauart entsprach.

Gegen Mitte der 60er Jahre stabilisierte sich der Wageneinsatz, und es kristallisierte sich die Garnitur aus so genannten Behelfspersonenwagen (Kriegsbauart 1940) heraus. Äußerlich wie Güterwagen aussehend, waren diese Wagen jedoch besser als ihr Ruf. Sie klirrten und schepperten weit weniger als ihre Vorgänger, und die gepolsterte Ausführung (kunstlederbezogen) hatte zum Teil dicke Schaumstoffkerne. Ein weiterer Fortschritt war, dass die Wagen offene Übergangsbühnen besaßen (außer bei der nachträglich zum Traglastenwagen umgebauten Variante).

Manchmal gab es in den 60ern auch vom Regelfall abweichende Zugbildungen. Diese Aufnahme vom Mai 1968 zeigt eine Garnitur bestehend aus 3 Behelfspersonenwagen, einem Abteilwagen, sowie einem sächsischen dreiachsigen Packwagen älterer Bauart. Rechts im Bild sind die zum Verladen bereit gestellten Flaschenkästen der Cromefa zu sehen.
Foto: Siegfried Bergelt

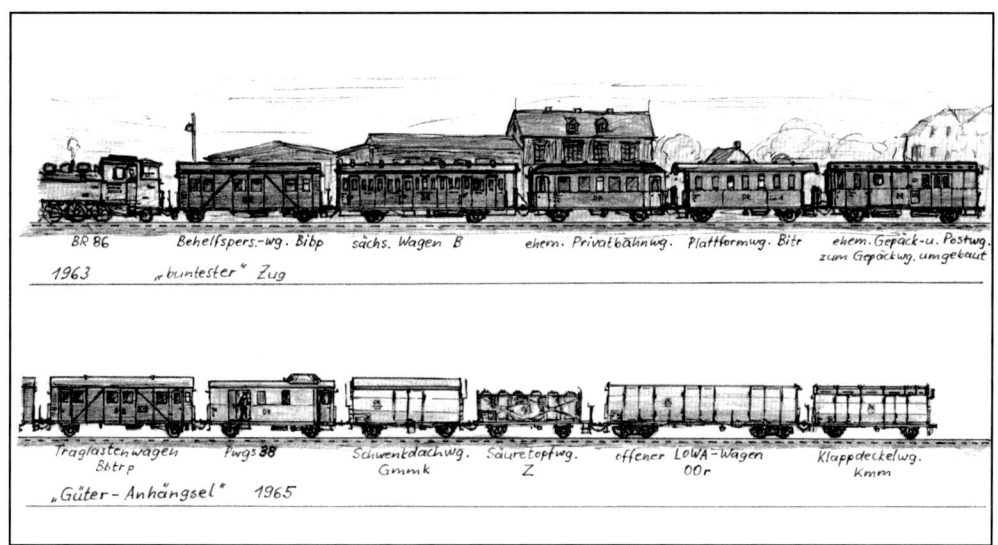

BR 86   Behelfspers.-wg. Bibp   sächs. Wagen B   ehem. Privatbahnwg. Plattformwg. Bitr   ehem. Gepäck- u. Postwg.
                                                                                              zum Gepäckwg. umgebaut
1963   „buntester" Zug

Traglastenwagen   Pwgs 88   Schwenkdachwg. Säuretopfwg.   offener LOWA–Wagen   Klappdeckelwg.
    Sbtrp   Gmmk   Z   OOr   Kmm
„Güter - Anhängsel"   1965

Zwei "bunte" Züge der 60er Jahre
Zeichnung: Siegfried Bergelt

Bei den Gepäckwagen gab es eine eben solche Vielfalt, bis schließlich der Pwgs 88 eingesetzt wurde. Dies war ein für Güterzüge bestimmter DR-Neubau von 1956. Da aber kurz darauf Zugbegleiter und Gepäckwagen bei Güterzügen wegrationalisiert wurden, setzte man diese Neubauten in Personenzügen ein.

Auch die Güterwagen verjüngten sich. Es tauchten neue Typen auf und alte verschwanden dafür von der Bildfläche. Neu waren z. B. die LOWA-Wagen (4-achsige offene und gedeckte) oder die gegenüber den bisherigen Klappdeckelwagen etwas höheren, mit 2 seitlichen Ladetüren, sowie ähnliche mit Schwenkdach.

Das Kalkwerk verlud seine Fracht mittels neuer Verladeanlagen, wog die Güter selbst ab, so dass die Gleiswaage dazu nicht mehr notwendig war. Als Versandgut kamen die verzinkten Flaschentransportkästen der Cromefa neu hinzu. Oft war ein großer Teil der Bahnhofstraße damit vollgestellt. Neues ankommendes Gut war die Lauge für die Holzbetonplatten-Produktion. Die Lauge wurde aus den Kesselwagen direkt in Erdtanks abgelassen, welche sich kurz vor dem Ende des Hauptgleises neben diesem befanden. Des weiteren erschienen Säuretopfwagen, deren rauchender Inhalt in einen Hartholzbehälter, welcher sich auf einem Traktor-Anhänger befand, umgefüllt wurde. Die Salzsäure war für die Galvanik der Cromefa bestimmt.

Zement wurde nicht mehr lose oder in Säcken in gedeckten Güterwagen befördert, sondern es gab spezielle Zementbehälterwagen. Als Umladebahnhof von Bahnfahrzeugen in stationäre Silos bzw. in Straßenfahrzeuge wurde der Güterbahnhof Karl-Marx-Stadt Süd ausgerüstet. Mit einem Silo-Hängerzug, zunächst mit H6, später Skoda-Zugmaschine, holte sich das Crottendorfer Plattenwerk seinen Zement von dort.

Stückgut wurde nicht mehr in gedeckte Wagen verladen, sondern ins „Stückgut-Auto", einem herrlichen (heute zu Oldtimern zählenden) Hängerzug mit Planen von Vomag,

Büssing oder MAN in dunkelgrüner Lackierung. Mit diesem Gefährt wurde das Stückgut zum nächsten „Stückgut-Knotenbahnhof" (Buchholz) gefahren und dort, je nach Bestimmungsrichtung, in Waggons umgeladen.

Seltenere Güterwagen konnten auch in Crottendorf beobachtet werden, sowohl ausländische als auch deutsche. Ich erinnere mich an schwedische Rungenwagen, italienische offene und auch gedeckte Wagen. Letztere besaßen kein gewölbtes, sondern ein spitzes Dach. Oder französische, die durch ihre blauschwarze Farbe auffielen. Tschechoslowakische, polnische oder ungarische waren eher keine Seltenheit. Mehrmals erschien auch ein zweiachsiger gedeckter Wagen der sowjetischen Staatsbahn, der in seiner geometrischen Form einem Würfel sehr nahe kam; nur wenig länger als hoch und breit. Dieser Wagen musste natürlich an der Ostgrenze Polens von sowjetischer 1524mm- Spurweite auf Normalspurweite 1435mm umgespurt worden sein. Das ganze Gegenteil war ein so genannter Fährbootwagen, dessen Wagenkasten deutlich schmaler als üblich war. Er gehörte der DR, war aber für den Verkehr mit der Fähre nach England bestimmt. England besitzt bei gleicher Spurweite ein kleineres Lichtraumprofil. Erwähnenswert ist noch ein gedeckter Güterwagen normaler Bauart, der aber der kleinen ungarischen Bahngesellschaft GySEv (Györ - Sopron - Ebenfurter Eisenbahn) gehörte.

An DR-Wagen, schon damals Oldtimer, fielen mir auf: Ein dreiachsiger Bahnpostwagen, welcher leere Postmietkartons brachte, ein dreiachsiger gedeckter Güterwagen (vermutlich ehemals bayrischer) mit hochgestelltem Bremserhäuschen, ein dreiachsiger Flachwagen (X) sowie ein zweiachsiger Kesselwagen mit zwei kurzen Kesseln hintereinander (Ladegut Lauge).

Ein Blick aus dem Fenster eines Behelfspersonenwagens im Frühjahr 1966 des parallel zur Zschopau talwärts rollenden Personenzuges verrät es:
Die 86 458 hat auch noch einige Güterwagen am Haken.
Der Pmg (Personenzug mit Güterbeförderung) war zu DR-Zeiten auf dieser Nebenstrecke eine sinnvolle und kostensparende Art der Zugförderung.
Foto: Siegfried Bergelt

Wenn die "Hebamme" kommt

In diesem Fall ist nicht die Crottendorfer Geburtshelferin gemeint, sondern der im Eisenbahner-Jargon oft so bezeichnete Hilfszug. Ein solcher Spezialzug enthält Mannschaft und Gerät für das Beheben von Entgleisungen. Hilfszüge sind auf Knotenbahnhöfen stationiert und für einen bestimmten Bereich zuständig. Sie sind, einschließlich einer zugeteilten Lok, rund um die Uhr in Bereitschaft. Sie besitzen am hinteren Ende ein Wendezug-Befehlsabteil, um auch in geschobenen Zustand sicher zur Unglücksstelle gelangen zu können. Für schlimmere Fälle wird noch ein Arztwagen beigestellt. Zum Glück musste nach Crottendorf ein Hilfszug nur sehr selten kommen, und zwar ohne Arztwagen, zum Beispiel bei den bekannten Unfällen 1913 und 1933.

Bei der Entgleisung einer T 9 an der Martin-Fabrik am 09.05.1926 kam ein, nur aus einem Abteilwagen bestehender und mit einer sächsischen VT bespannter Hilfszug zum Einsatz.
Foto: Sammlung Siegfried Bergelt

In den 60er Jahren war der in Aue stationierte Hilfszug zuständig. Im März 1968 habe ich seinen Einsatz auf dem oberen Bahnhof beobachten können. Beim Rangieren war vorzeitig eine Weiche unter dem fahrenden Zug umgestellt worden, so dass die erste Hälfte eines Waggons in ein anderes Gleis fuhr als die zweite Hälfte und der folgende Waggon. Personen kamen nicht zu Schaden. Die Auer Mannschaft gleiste die Waggons fachgerecht wieder ein. Dazu benutzten sie das sogenannte Deutschlandgerät. Das sind hydraulische Heber mit Wasser als Druckflüssigkeit. Dieser Heber ist seitenverschiebbar, so dass die entgleiste Achse an der richtigen Stelle wieder abgelassen werden kann.

Dieser Auer Hilfszug war eine Rarität für sich. Das zuständige RAW Potsdam stellte die Hilfszüge aus gebrauchten Altfahrzeugen, die es oft nur in einzelnen Exemplaren gab, zusammen. Der Hilfszug Aue bestand aus einer Hamburger (!) S-Bahn-Doppelwageneinheit, gebaut 1912 von Van der Zypen & Charlier in Deutz mit den Nummern Altona 801 und 802 [5]. Beim Anblick dieser Fahrzeuge würde heute jeder Museumsbahnbetreiber feuchte Augen bekommen. Dazu gehörte noch ein normaler Flachdach-Güterwagen mit Bremserbühne, ebenfalls grün lackiert, als Gerätewagen.

In den 70er Jahren ersetzte die Deutsche Reichsbahn diese alten Hilfszüge durch einheitliche Neubauten, welche nach der Vereinigung beider deutscher Bahnen in einigen Exemplaren in die "alten Bundesländer" umgesetzt wurden.

Heute lässt die Deutsche Bahn AG als "Hilfszüge" Zweiwege-LKW´s bauen. Diese fahren hauptsächlich über Straßen zur Unfallstelle, weil nach Ausbau jedes "unnötigen" Gleises auf Unterwegsbahnhöfen ein Begegnen mit anderen Schienenfahrzeugen nicht mehr möglich ist. Diese Fahrzeuge sehen einem großen Feuerwehrauto ähnlich, haben aber abklappbare Schienenräder und hinten ein zweites Führerhaus, um beim Fahren auf Gleisen die Richtung ohne Umdrehen wechseln zu können.

Der alte Auer Hilfszug stand noch einige Jahre, vermutlich als Geräte- oder Aufenthaltswagen, auf dem jetzt beseitigten Containerbahnhof in Karl-Marx-Stadt - Kappel herum und rostete still vor sich hin, bis er eines Tages verschwunden war.

Eine zu früh umgestellte Weiche brachte diese beiden Behelfspersonenwagen im März 1968 auf dem Crottendorfer oberen Bahnhof zum Entgleisen.
Sammlung: Siegfried Bergelt

Die Sache wieder ins rechte Lot brachte der dreiteilige Hilfszug, welchen 86 551 von Aue nach Crottendorf brachte. Natürlich fanden sich auch zu diesem "Ereignis" einige Schaulustige ein.
Sammlung: Siegfried Bergelt

Im Jahre 1987 konnte der neue DR-Einheitshilfszug des damaligen Bw Karl-Marx-Stadt in Crottendorf fotografiert werden.
Foto: Wilfried Groß, Sammlung Bergelt

Von Kompressoren, Kartoffeldämpfern und Enteisungsanlagen

Falsch gedacht, wir wollen nicht in andere Bereiche der Technik ausweichen, sondern bleiben bei unseren Lokomotiven, denn in allen drei oben genannten Fällen handelt es sich um diese. Beim ersten Fall, als Kompressor zum Antrieb von Presslufthämmern, diente eine BR 86 bei der Erneuerung der Gleiswaage in den frühen 60er Jahren. Das alte Mauerwerk der Gleiswaagengrube wurde abgebrochen. Als „Kompressor" war eine BR 86 solo nach Crottendorf gekommen. Die Luftpumpe der Lok, welche sonst die Druckluft zum Bremsen des Zuges erzeugt, trieb in diesem Fall die Pressluftwerkzeuge an. Damals wurde der graue Blechkasten der Gleiswaage durch ein gemauertes Häuschen ersetzt, von dem aus man nun die Gleiswaage witterungsgeschützt bedienen konnte. Leider ist nach dieser gründlichen Erneuerung die Waage nicht mehr sehr lange in Betrieb gewesen.

Beim zweiten Fall wurde die 38 210 zweckentfremdet eingesetzt. Sie war es, die in einem Herbst Mitte der 60er Jahre für die LPG-Bauern Futterkartoffeln dämpfte, mehrere Tage und Nächte lang. Sie stand auf dem Ladegleis an der Bahnhofstraße, oft von Schaulustigen und Kindern umlagert. Letztere durften auch einmal auf den Führerstand steigen. Am Dampfanschluss zum Heizen der Reisezugwagen, wurde in diesem Fall der Traktoranhänger mit den Futterkartoffeln angeschlossen, d. h. ein Rost aus gelochten Rohren, welcher sich auf der Ladefläche unter den Kartoffeln befand, die oben mit einer Plane abgedeckt waren. Es herrschte Tag und Nacht Betrieb auf der Bahnhofstraße; oft standen die Traktoren-Gespanne Schlange.

38 210 als "Kartoffeldämpfer" in Crottendorf oberer Bahnhof.
Zeichnung: Siegfried Bergelt

Im Fall Nr. 3 diente eine BR 86 bei starker Winterkälte zum Enteisen der Spurrillen auf den in großer Zahl vorhandenen Straßen- und Wegübergängen. Dabei stand auf dem vorderen Podest, zwischen den Stirnlampen, ein Eisenbahner, der das vom Heizanschluss versorgte Dampfrohr bediente. Das Podest der Lok war mit einem Geländer und Schutzvorhang versehen, der zumindest etwas vor Zugluft schützte.

Diese drei Fälle aus Crottendorf zeigen, wie vielseitig Dampfloks zu verwenden waren. Außerdem dienten sie oft als Ballastgewicht bei Brückenbelastungsproben oder z. B. als Spanngewicht beim Neubau der Karl-Marx-Städter Bahnhofshalle. Viele Dampfloks fristeten auch ihr Gnadenbrot, meist vieler entbehrlicher Teile beraubt, als stationärer Dampferzeuger. Ein solcher stand auch für einige Zeit im Walthersdorfer Möbelwerk. Leider konnte bisher der Typ nicht in Erfahrung gebracht werden. Erinnern kann ich mich an eine Lok ähnlich der preußischen T3.

Präsident, Messzug, Giftzug und Eichzug

Wollen wir nun weitere bahninterne Sonderfahrzeuge behandeln, welche in den 50er/60er Jahren Crottendorf jährlich einen Besuch abstatteten.

Da war zunächst ein sehr modernes Fahrzeug: Der Diensttriebwagen des Präsidenten der Reichsbahndirektion Dresden, womit dieser samt seiner Mannschaft jährlich „seine" Strecken inspizierte. Es handelte sich um einen von der DR in den 30er Jahren beschafften Dieseltriebwagen der VT 137-Familie. Solche Fahrzeuge wurden bis etwa Mitte der 60er Jahre im Eilzugverkehr eingesetzt, z. B. von Dresden nach Karl-Marx-Stadt.

Bevor der Präsident auf dem oberen Bahnhof eintraf, liefen die diensttuenden Eisenbahner ziemlich aufgeregt umher, denn es sollte sich für den hohen Besuch alles von der besten Seite zeigen. Nach Ankunft und Aussteigen der Präsidentenmannschaft fuhr der Triebwagen aufs BHG-Gleis, bis der danach ankommende Planzug wieder abgefahren war.

In den 60er Jahren überzeugte sich der Präsident der Reichsbahndirektion Dresden noch höchstpersönlich vom Zustand "seiner" Strecken und Dienststellen. Dabei ließ er auch die Stichbahn nach Crottendorf nicht aus. Das Foto entstand 1967 auf der Rückfahrt bei Sehma.
Foto: Siegfried Bergelt

Ebenso wurde mit dem Messzug verfahren. Selbiger bestand aus zwei umgebauten, ehemaligen Schnellzugwagen, einer vierachsig und der andere sechsachsig. Am Ende besaß der Zug ein Steuer- oder besser Befehlsabteil, von dem aus der Lokführer bei geschobenem Zug Signalpfeife und Bremse bedienen konnte. Die Dampflok - eine 86er - konnte, im Gegensatz zu heutigen Diesel- und Elektrowendezügen, dabei nicht unbesetzt sein. Die Aufgabe des Messzuges war, das Istmaß der Spurweite der gesamten Strecke aufzuzeichnen. Zu diesem Zwecke waren zwischen den Rädern eines dreiachsigen Drehgestells Messtaster in Form von Schleifstücken angebracht, welche die Innenseiten der Schienenköpfe abtasteten. So konnte, geleitet über diverse mechanische Übertragungsglieder, das Spurweitenmaß als Kurve über die Streckenkilometer auf Diagramm-Rollenpapier aufgezeichnet werden. Die Auswertung ließ Streckenabschnitte erkennen, bei denen Baumaßnahmen zur Spurkorrektur anstanden.

Ein anderes Werkzeug zur Streckenpflege war der „Giftzug", (richtig: Unkrautvertilgungszug). Dieser erschien meist im Frühsommer, um seine Natriumchloratlösung aufs Gleisbett zu spritzen. Heute darf dies aus Umweltschutzgründen wahrscheinlich gar nicht mehr gemacht werden. Dafür gibt es heute viele grüne Strecken, deren wasserspeichernder Bewuchs sich nachteilig auf die Standzeit der Gleise auswirkt. Trotz Interesse an dem eigentümlichen Gefährt hat man aber damals aufgrund der ungesund anmutenden herüberziehenden Geruchsschwaden respektvoll Abstand gehalten. Der Zug - ebenfalls mit BR 86 bespannt -, kam meist am späten Vormittag. Er bestand aus etwa vier ehemaligen Lokomotivtendern (von der P10 und P8). Diese dienten als Wasserwagen. Anstatt des Kohlekastens hatten sie ein umlaufendes Geländer erhalten, in dem die Chemikalienfässer lagerten. Für deren Handhabung befand sich ein kleiner Handkran auf den Tendern. An einem Ende des Zuges befanden sich ein Mannschafts- und ein Gerätewagen, am anderen Ende der Wagen mit dem Bedienerhäuschen, dem Pumpenaggregat und den Sprühdüsen, ebenfalls ein ehemaliger Tender. Alle ehemaligen Tender waren untereinander mit Schlauchleitungen verbunden. Eine spätere, ab etwa 1968 auftauchende Variante dieses Spezialzuges besaß anstatt der Tender eigens neu gebaute zweiachsige Wasserwagen. Laut Anschrift war der Zug im „Oberbauwerk Wülknitz" (bei Riesa) beheimatet.

Der Eichzug schließlich kam nicht als selbstständiger Zug, sondern war wie andere Güterwagen am Planzug angehängt. Er bestand aus drei Gerätewagen und dem Gewichtswagen und stand einige Tage, solange die Gleiswaagen-Revision dauerte, auf dem Güterbodengleis. Der Gewichtswagen, ein kleines, einem Kalkwagen ähnelndes dreiachsiges Fahrzeug, diente als Eichgewicht. Mit Hilfe abnehmbarer Gewichtsstücke konnten verschiedene Massen simuliert werden. Das Fahrzeug besaß keine Bremsen, um Gewichtsverfälschungen durch Bremsklotzverschleiß zu umgehen.

Nachfolgemodelle an Eichfahrzeugen entwickelte die DR ebenfalls neu, aber zu diesem Zeitpunkt dürfte die Crottendorfer Waage bereits außer Betrieb gewesen sein.

Für Überprüfungen der Spurweite wurde nicht immer der Messzug bemüht. Manchmal genügte auch ein Bandmaß, wie diese Aufnahme aus den 50er Jahren zeigt.
Foto: Sammlung Claus Schlegel

Seine Vergangenheit als Abteilwagen kann der Mannschaftswagen des "Giftzuges" nicht verleugnen, welche im Jahre 1968 in Crottendorf oberer Bahnhof pausierte.
Foto: Siegfried Bergelt

Am 03.07.1969 kam der Unkrautvertilgungszug mit Hilfe der 86 236 wieder mal nach Crottendorf. Obwohl aus etwas weiterer Entfernung fotografiert, sicherlich waren die chemischen "Düfte" daran schuld, kann man gut die Struktur dieses Spezialzuges erkennen.
Foto: Siegfried Bergelt

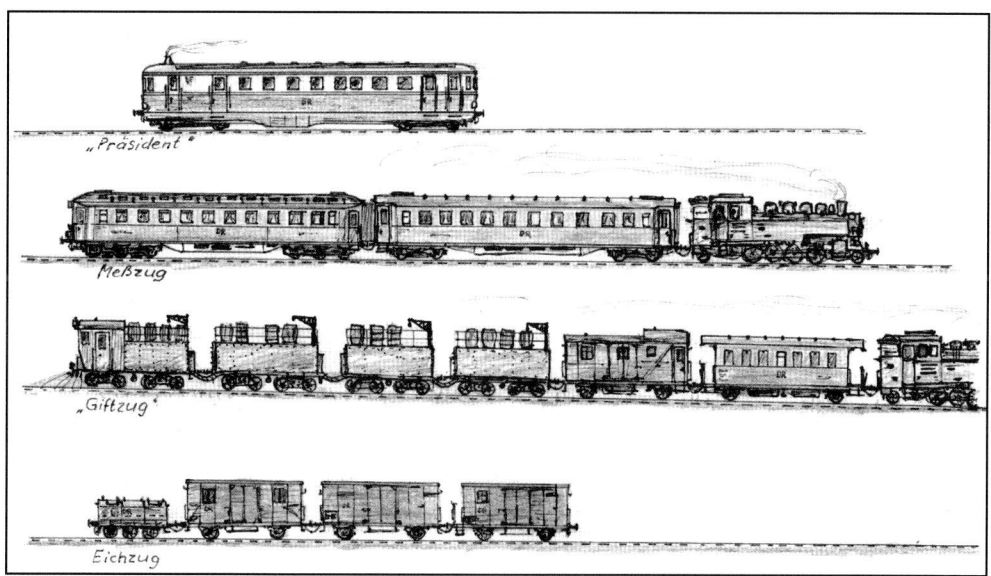

Sonderzüge der 60er Jahre.
Zeichnung: Siegfried Bergelt

Die 5-Tage-Arbeitswoche und ein Doppelzug

Im Jahre 1966 wurde die „5-Tage-Arbeitswoche in jeder 2. Woche" eingeführt, verbunden mit etwas längerer Tagesarbeitszeit und Abschaffung einiger gesetzlicher Feiertage. Weil damals noch die meisten Berufstätigen, die auswärts arbeiteten (heute Berufspendler genannt), die Eisenbahn benutzten, mussten die Fahrpläne der Bahn auf die neuen Arbeitszeiten abgestimmt werden. Ein Ergebnis dessen war der frühmorgendliche Doppelzug, welcher heute Massen von Eisenbahnfans anlocken würde, damals aber ziemlich unbeachtet blieb. Nur so Verrückte wie ich standen deshalb manchmal um vier Uhr auf, um zum Bahnhof zu gehen. Rückblickend kann man sagen, es war ein Höhepunkt in Crottendorfs Bahngeschichte. Um 4.38 Uhr kam der Doppelzug auf dem oberen Bahnhof an. Seine Fahrzeuge setzten sich wie folgt zusammen:

Zuglok BR 86 - 3 Behelfspersonenwagen - 1 Traglasten-Behelfspersonenwagen - Gepäckwagen - bis 7 Güterwagen - 1 Personenwagen (4-achsiger sächsischer, später auch Behelfspersonenwagen) - BR 86 als Schlusslok. Die Schlusslok mit dem einen Personenwagen blieb am Bahnsteigende neben dem Bahnübergang stehen, während der vordere Zug mit den Güterwagen abgekuppelt und vorgezogen wurde und im Bahnhof wie üblich sein Rangiergeschäft erledigte. Davon unbehelligt verließ um 5.05 Uhr die ehemalige Schlusslok mit dem einzelnen Personenwagen als erster Zug den oberen Bahnhof wieder. Der andere Zug bekam um 5.35 seinen Abfahrauftrag.

171d	**Schlettau** (Erzgeb)–**Crottendorf** ob Bf und zurück							Alle Züge 2. Klasse		
km Rbd Dresden	Zug Nr	3142	3144	3146	3148	3150	3152	3154	1970	
0,0 **Schlettau** (Erzgeb) Gesamt- ob	4.15	...	6.10	...	8.46	...	12.35 / 13.35	...	16.47	18.29	18.35
1,3 **Walthersdorf** (Erzgeb) verkehr 171 an	4.18	...	6.13	...	8.49	...	12.38 / 13.39	...	16.51	18.33	18.39
	ob	4.19	...	6.14	...	8.55	...	12.43 / 13.44	...	15.52	16.55	18.40
2,6 **Walthersdorf** (Erzgeb) Hp	4.23	...	6.18	...	9.00	...	12.47 / 13.49	...	15.56	16.59	18.45
5,2 **Crottendorf** unt Bf	4.33	...	6.27	...	9.09	...	12.56 / 13.58	...	16.05	17.08	18.55
6,5 **Crottendorf** ob Bf (650 m) an	4.38	...	6.33	...	9.15	...	13.02 / 14.04	...	16.10	17.13	18.59

km Rbd Dresden	Zug Nr	3141 ob	3143	3145	3147	3149	3151	3153	3155	
0,0 **Crottendorf** ob Bf (650 m) ob	5.05	...	5.35 / 6.44 / 7.06	...	9.55	...	13.52 / 14.36	...	16.18	17.37	19.34
1,3 **Crottendorf** unt Bf	5.12	...	5.41 / 6.50 / 7.12	...	10.02	...	13.59 / 14.43	...	16.24	17.43	19.41
3,9 **Walthersdorf** (Erzgeb) Hp	5.20	...	5.50 / 6.59 / 7.21	...	10.10	...	14.08 / 14.52	...	16.31	17.51	19.49
5,2 **Walthersdorf** (Erzgeb) Gesamt- ob	5.24	...	5.54 / 7.03 / 7.25	...	10.15	...	14.12 / 14.56	...	16.35	17.56	19.53
6,5 **Schlettau** (Erzgeb) verkehr 171 an	5.28	...	5.55 / 7.08 / 7.30	...	10.16	...	14.17 / 15.01	...	16.39	18.00	19.58

Im Winterfahrplan 1967/68 der Deutschen Reichsbahn ersichtlich ist der beschriebene Doppelzug P 3142, aus diesem wurde Richtung Schlettau P 3141 und 3143 gebildet. Sammlung: Siegfried Bergelt

Der Doppelzug P 3145 auf dem Crottendorfer oberen Bahnhof. Zeichnung: S. Bergelt

Ein unrühmlicher Schwertransport

Das Jahr 1968 hatte für Freunde der Eisenbahn einige Besonderheiten zu bieten. Die nächste kündigte sich dadurch an, dass sowjetische Offiziere mit einem Jeep am oberen Bahnhof eintrafen, und die Bahnanlagen, insbesondere die als Abschluss der Gleise dienenden Kopframpen, unter die Lupe nahmen. Wie sich kurz danach herausstellte, waren dies die Vorbereitungen für den Rückzug aus der CSSR, die ja bekanntlich 1968 („Prager Frühling") von der Sowjetunion besetzt wurde.

Tags darauf traf am frühen Vormittag der Zug ein. Ein Zug, wie ihn Crottendorf noch nie gesehen hatte: Als Zuglok eine 86er, ein gedeckter Wagen der Gattung Ms (Mannschaftswagen, für Ofenheizung eingerichtet) und schätzungsweise 15 sechsachsige Flachwagen (Gattung RRym und SSym) mit je 80 Tonnen Tragfähigkeit, und als Zugschluss weitere zwei 86er als Schiebelokomotiven. Diese sind wohl bei Einfahrt des Zuges nicht weit oberhalb des Rathauses zum Stehen gekommen. Die vordere Lok mit dem Mannschaftswagen wurde abgekuppelt. Sie fuhr ins Güterbodengleis in Nähe der Gleiswaage. Danach drückten die beiden hinteren Loks die Flachwagen bis an die Kopframpe des Hauptgleises. Der Zug wurde nun geteilt, und die hintere Hälfte wurde an die zweite Kopframpe („Schmiedel-Rampe") geschoben. Inzwischen waren aus Richtung Oberdorf laufend Panzer angerollt. Die Bahnhofstraße füllte sich zusehends mit Schaulustigen. Parallel wurden beide Zugteile mit den Panzern beladen. Alles verlief friedlich, und die Soldaten setzten auch mal einen Dorfjungen auf ein Geschützrohr. Außerdem erinnere ich mich daran, dass seitlich an den Panzern Treibstofffässer liegend befestigt waren. Der Boden eines Fasses trug die in sein Blech geprägte Inschrift „WEHRMACHT".

Die Zughälften wurden nicht mehr zusammengekuppelt. Nacheinander verließen sie gegen Mittag mit dem aufgeladenen Kriegsgerät unseren Ort. Einen Zug habe ich mit dem Motorrad bis auf die Höhe zwischen Walthersdorf und Sehma begleitet. Dies tat auch ein Transportpolizist auf einem blauen „Schwalbe"-Moped, der mich ständig misstrauisch beobachtete. Deshalb zog ich vor umzukehren, nachdem ich den Zug talwärts in Richtung Buchholz rollen sah.

Abtransport sowjetischer Panzer, hier vom Rathaus aus gesehen.
Zeichnung: S. Bergelt

Als fotografischer Beleg von diesem Ereignis ist nur dieser schüchterne Blick aus dem elterlichen Wohnzimmerfenster erhalten geblieben. Allein nur der Versuch einen besseren Fotostandpunkt einzunehmen, hätte mit Sicherheit reichlich Ärger mit der anwesenden "Staatsmacht" eingebracht. Die vor dem Fenster zu sehenden Fernsehantennen (im Volksmund "Ochsenkopf" genannt) dienten dem Empfang der von diesem bayrischen Sender aufgestrahlten (West)-programme. Derartige Anlagen entstanden ausnahmslos im Eigenbau und gaben zumindest ein "Guckloch" durch den "eisernen Vorhang" frei.
Foto: Siegfried Bergelt

Erstes Gastspiel einer Diesellok in Crottendorf

Auch der Ausklang des Jahres 1968 verlief nicht ohne Besonderheit. Für den 28. Dezember war ein Sonderzug angekündigt. Eisenbahner aus Adorf im Vogtland wollten eine Ausfahrt ins weihnachtlich geschmückte Crottendorf unternehmen. An diesem Tag lag, wie es sich um diese Jahreszeit gehört, ordentlich Schnee. Deshalb gab es sicherlich auf der Fahrt über die damals noch durchgehende, landschaftlich reizvolle Strecke durchs Tal der Zwickauer Mulde über Schöneck, Schönheide, Eibenstock nach Aue reichlich herrliche Wintermotive zu sehen. Ebenso von Aue über Markersbach nach Crottendorf. Im Crottendorfer oberen Bahnhof liefen die Eisenbahner schon aufgeregt hin und her. Süß Kurt äußerte Bedenken, ob diese Diesellok wohl über die Bahnübergänge hinwegkommt, da sie ja tiefer gebaut sei. Der Zug kam als Mittagszug gegen halb zwei, war ab Schlettau öffentlich, ersetzte also den Planzug. Auf der neuen, weinroten Zuglok war zu lesen: „V 100 030" und „Bw Adorf". Der Lok folgten 5 damals hochmoderne zwei- und dreiachsige Rekowagen, und die Planlok, 86 458, schob nach. Durch diesen Zug wurden auch die restlichen 3 Planzüge des Nachmittags ersetzt, während die Adorfer Ausflügler den weihnachtlich geschmückten Ort bewunderten. Die Fahrgäste der Nachmittagszüge waren des Lobes voll über diesen modernen Zug und besonders über die Mitropabewirtschaftung im Zug, eine bis dahin einmalige Sache. Als letzter Abendzug 19.25 Uhr verließ der Zug mit seinen Ausflüglern unseren Ort über Schlettau und Aue in Richtung Adorf. Noch zwei Jahre sollte es dauern, bis in Crottendorf die Behelfspersonenwagen von solchen Rekowagen abgelöst wurden. Bis zum Planeinsatz der V 100 dauerte es fast noch 8 Jahre.

Die erste V 100 fuhr am 28.12.1968 nach Crottendorf.
Zeichnung: Siegfried Bergelt

Seltene Fracht - für Modelleisenbahner

12. April 1969, Vormittagsgüterzug. (Der „Zehne-Zug" war kürzlich wegen Mangel an Fahrgästen durch einen reinen Güterzug ersetzt worden). Die Mitglieder der AG 3/28 des Deutschen Modelleisenbahn-Verbandes hatten schon lange auf dieses Ereignis gewartet: Der Zug brachte ihr künftiges Klubheim mit, den ehemals königlich sächsischen Schmalspurwagen 970-318, welcher auf der Strecke Grünstädtel-Rittersgrün verkehrte, bis diese stillgelegt wurde. Der vierachsige Schmalspurwagen, welcher auf zwei kurzen, normalspurigen Schmalspurfahrzeug-Transportwagen verladen war, wurde an die „Schmiedel-Rampe" rangiert. Da stand er nun, und ein hartes Stück Arbeit stand den Beteiligten bevor. Das Hinüberrollen von den Transportwagen auf die Rampe mittels zweier Traktoren (Typ IFA Pionier) war noch die einfachste Übung. Dann stand der Wagen mit seinen Rädern auf dem Straßenpflaster. Für den Straßentransport hatte Melzer Christfried (der Vorsitzende der AG 3/28) mit seinen Leuten zwei Gleisstücke mit je 4 Schwellen vorbereitet, für jedes Drehgestell eins. Die Unterseite der 4 Schwellen war mit einem Blech beschlagen. Auf diesen beiden „Schlitten" sollte der Wagen über die Straße, ohne diese zu beschädigen, bis zum Marktplatz gerutscht werden. - Für jüngere Leser mag dieses Verfahren umständlich erscheinen, so ganz ohne Kran und Schwerlast-Tieflader. Gerade diese gab es damals kaum oder nur zu sehr hohen Preisen, während LPG, Feuerwehr oder Kalkwerk gerne kostenlos mit ihren Fahrzeugen bei dieser Aktion aushalfen. - Nun galt es, den Wagen vom Pflaster auf diese zwei Gleisstücke hinaufzuziehen. Es handelte sich noch um ein Rollen auf eigenen Rädern. Nach vergeblichem Versuch mit dem „Garant" der Freiwilligen Feuerwehr gelang dem „G5" des Kalkwerkes dieses Kunststück. Der Wagen wurde auf dem „Schlitten" befestigt, und die Rutscherei

konnte losgehen. Es folgte eine beispielhafte Schulvorführung zur Erklärung des Unterschiedes zwischen der Roll- und der Gleitreibung. Der G5 des Kalkwerkes wurde angespannt. Ein Ruck - und der G5 hatte einen Knacks weg. Der Wagen stand wie angewurzelt. Dann die zwei Traktoren. Nur Gummigeruch vom Räderdurchdrehen. Ein dritter Traktor - gleiches Ergebnis. Ein vierter Traktor - und es bewegt sich doch! - Bis zur Hauptstraße gegenüber dem Markert Schuster. Zur Überwindung des kleinen Absatzes musste ein fünfter Traktor aushelfen. Doch dann war die Fuhre nicht mehr aufzuhalten, und mit Schrittgeschwindigkeit ging es in Richtung Marktplatz. Es war nicht zu übersehen, dass ein Großteil der von den Traktoren erzeugten Energie in Wärme umgewandelt wurde, denn aus den durch die Reibung erhitzten Schwellen quollen dicke Qualmwolken. Schließlich kam die Fuhre wohlbehalten auf dem Marktplatz oberhalb des Bus-Häuschens zum Stehen. Ein weiteres Stück Knochenarbeit war der Transport von dort mittels Winden, Schienenstücken als Unterlage und Seilzügen bis in Melzers Garten-grundstück, sowie das Restaurieren des Innenraumes. Im Juni konnte die Einweihung des Klubheimes gefeiert werden.

Der Abtransport des guten Stücks geschah wohl mit modernen Mitteln und etwas unspektakulärer. Im alten Zustand neu aufgebaut, fährt Wagen 970-318 heute bei der Schönheider Museumsbahn.

Das neue "Klubheim" wird auf die Rampe gezogen.
Zeichnung: Siegfried Bergelt

Bahnwagen als Klubraum
CROTTENDORF. Am Vorabend des Tages des deutschen Eisenbahners haben die hiesigen Modelleisenbahner den Schmalspurwagen der Reichsbahn an seinen endgültigen Standort gebracht. Jetzt kann die Überholung beginnen, damit bis zum 20. Jahrestag der DDR dieser Wagen als Klubraum fertiggestellt wird.

Eisenbahnwagen wird Klubheim
CROTTENDORF. Ein ungewohntes Bild bot sich den Einwohnern dieser Tage, als ein vierachsiger Personen-wagen der Kleinbahn auf der Straße durch den Ort transportiert wurde. Dieser Wagen wird von den Mitglie-dern der Arbeitsgemeinschaft Mo-delleisenbahn als Klubheim einge-richtet. Fünf Traktoren waren erfor-derlich, um den Personenwagen per Landstraße an seinen künftigen Standort zu bringen. Ein Danke-schön gebührt allen Helfern für ihre Einsatzbereitschaft.

Der LKW "Garant" der Freiwilligen Feuerwehr schaffte auch mit Vollgas nicht, den Wagen
auf die Gleisstücke hinaufzuziehen.
Foto: Siegfried Bergelt

Erst die 150 Pferdestärken eines "G 5" des VEB Obererzgebirgische Kalkwerke zogen das
neue Klubheim in Transportposition.
Foto: Siegfried Bergelt

Vier Traktoren der LPG (Landwirtschaftliche Produktionsgenossenschaft) brachten schließlich den Elfeinhalbtonner in Bewegung. Natürlich erregte diese Aktion im Dorfe einiges Aufsehen, selbst die "Freie Presse" (damals Organ der SED-Bezirksleitung) berichtete darüber.
Foto: Werner Ilgner

Durch Reibung entsteht Wärme - hier ein praktisches Beispiel für die Dorfjugend. Wie viele Formulare würde man wohl heute ausfüllen müssen, um einen solchen Transport durchführen zu können?
Foto: Siegfried Bergelt

Ebenfalls interessiert wird der letzte Abschnitt der Aktion, der Transport in das Melzer´sche Grundstück, von der Bevölkerung verfolgt. Auf den dazu vorbereiteten Gleisstücken gilt es nun "nur" noch die Rollreibung zu überwinden.
Foto: Siegfried Bergelt

Crottendorf und die Modelleisenbahn

Die alltägliche hautnahe Berührung mit der Eisenbahn einerseits und die alte erzgebirgische Tradition der Weihnachtsberg-Bastelei andersiets waren fruchtbare Grundlagen für das Sesshaftwerden des Modellbahn-Hobbys. Den Erzgebirgern wird häufiger als anderen Landsleuten nachgesagt, es läge ihnen im "Blut", die Welt im Kleinen nachzugestalten.

So ist es folgerichtig, dass im Jahre 1965 sich einige Freunde zusammenfanden und eine Arbeitsgemeinschaft des Deutschen Modelleisenbahn-Verbandes der DDR (DMV) gründeten. Die AG bekam den wohlklingenden Namen "3/28", die "3" stand für den Bezirksvorstand Dresden (identisch mit den damaligen RBD-Bezirken) und die "28" war die laufende AG-Nummer. Als Vorsitzender wurde der Fernseh- und Rundfunkmechaniker Christfried Melzer gewählt.

Meine erste (eher Spielzeug- als Modell-) Eisenbahn bekam ich zum Weihnachtsfest in meinem dritten Lebensjahr. Es war der "PICO-Express" aus dem VEB Gerätewerk in (damals noch - heute wieder) Chemnitz, bestehend aus einer zweiachsigen Stromlinien-Dampflok aus Zinkdruckguss, einem Packwagen, 2 Bi-Personenwagen aus Bakelit, einem Schienenoval aus Messing-Hohlprofil auf Bakelitbettung und einem Transformator. Das ganze schraubte mein Vater auf ein vom Tischler bezogenes, grün gestrichenes "Brett", "Bahnhof" und "Güterboden" aus Holz gab es dazu. So richtig froh konnte man mit der Kreisfahrerei nicht werden. Bei Fahrtrichtungswechsel machte die Wechselstromlok jedes Mal einen Satz nach vorn, und mit Belastung sank ihre Geschwindigkeit, während sie leer oft "durchging".

So war es ein Riesenfortschritt, dass PIKO (inzwischen in Sonneberg-Oberlind ansässig) das Gleichstrom-System herausbrachte, dazu die geschwärzten Stahlgleise auf (viel zu dicken) ebenfalls geschwärzten Echtholzschwellen. Mit den Gleisstücken konnte man, dank der Schnappverbinder, schnell neue Gleisfiguren aufbauen. Und mit der "D-Tenderlok" (lt. Katalog "ähnlich der BR 81"), sie hatte auch entfernte Ähnlichkeit mit der BR 86, konnte man wunderbar rangieren. Bei Ausmusterung hatte sie hohlgeschliffene Radreifen! So eine Beanspruchung habe ich später nie wieder einer Modelllok zugemutet.

Dank Auhagens Geländebaukasten "Sehen und Gestalten" konnte inzwischen auch Landschaft gebaut werden, und die Weihnachtsberg-Moos- sowie Massivgips-Methode gehörten der Vergangenheit an. Nach weiteren zwei Heimanlagen von ca. 3qm, so gegen 1967/68, erregte eine im Schaufenster des Konsum-Landwarenhauses ausgestellte Modellbahnanlage meine Aufmerksamkeit. Darauf lief der Gützold-"Vindobona" als neustes Top-Modell.

Diese Anlage gehörte der bereits erwähnten AG 3/28, zu deren Mitgliedern ich bald darauf zählte. Während an der großen Gemeinschaftsanlage gewerkelt wurde, folgten ständig Höhepunkte, wie das Einrichten des Schmalspurwagen-Klubheims,

Ausstellungen, außer im Raum der Gemeinschaftsanlage auch im Bahnhof Buchholz oder im Klubraum der Post in Annaberg. Nicht zu vergessen die von der Deutschen Reichsbahn unterstützten Exkursionen der ZAG (zentralen Arbeitsgemeinschaft) Dresden mit Liegewagen. Unter heutigen Verhältnissen kaum noch vorstellbar: Dieser Wagen wurde in Planzüge eingestellt und von der Bahn zum Null-Tarif(!) befördert.

Durch den Umzug nach Karl-Marx-Stadt wurde ich wieder zum "Alleinunterhalter", was die Modellbahnerei betrifft. Allerdings haben mein Sohn Markus und ich bei der Chemnitzer Parkeisenbahn eine neue "Eisenbahn-Heimat" gefunden. Dort hat man es verstanden, aus der "Pioniereisenbahn" ein beliebtes Ausflugsziel sowie eine sinnvolle Freizeitbeschäftigung für Kinder und Jugendliche zu schaffen. In den 80er Jahren baute ich auf meiner Heimanlage auch den Crottendorfer oberen Bahnhof in HO nach, vorgestellt als "Anlage des Monats" im "Modelleisenbahner" Heft 11/90.

Die Crottendorfer AG ist auch heute noch Bestandteil des obererzgebirgischen Kulturlebens, wenn auch mit neuer Bezeichnung "Erzgebirgischer Modelleisenbahn Club Crottendorf e. V.". Mit dem Anlagenteil "Modell Bahnhof Neudorf" waren die Crottendorfer auch auf einer Ausstellung bei der Parkeisenbahn Chemnitz vertreten. Nach der Fertigstellung dieses Anlagenteiles wurde mit dem Bau einer neuen computergesteuerten Modellbahnanlage begonnen.

Die Crottendorfer Bahnanlagen im Modell wurden zunächst in den 70er Jahren von Rentner Erich Kautzsch meisterhaft im TT-Maßstab nachgebaut. Herr Kautzsch stammte aus Deutzen und war oft zu Gast im damaligen Betriebsferienheim der Zentralwerkstatt Regis-Breitingen (heute Pension Oehler). [4]

Vielleicht gibt dieses Buch Anregungen zu weiteren Nachbauten dieser Nebenbahn . . .

Die Aufnahme zeigt einen Ausschnitt der Gemeinschaftsanlage der Crottendorfer Arbeitsgemeinschaft Anfang der 80er Jahre. Vorzeigemodell in HO war damals die von PIKO neu produzierte Schnellzugdampflok der Baureihe 01.5.
Zu den "sozialistischen Errungenschaften" gehörten auch rauchende Industrienanlagen, welche hier die Hintergrundkulisse bildeten.
Sammlung: Siegfried Bergelt

Der Star unter den Crottendorfer Loks war wohl stets die 86 1001. Deshalb durfte sie auch auf der Bergelt´schen Modelleisenbahnanlage nicht fehlen. Sie entstand durch Umnummerierung eines HO-Modells, hergestellt vom "Plasticart Annaberg-Buchholz, Werk 5 Zwickau" (heute wieder Gützold). Links im Bild wartete ein Mercedeslöschfahrzeug der örtlichen Feuerwehr (Vorgänger des auf Seite 57 gezeigten "Garant") am Bahnübergang.
Foto: Thomas Böttger

Wie beim großen Vorbild rangiert die soeben angekommene 86 1001 einen Klappdeckelwagen an den Schlettauer Zug. Bei Modellbahnanlagen wird man wohl manchmal Kompromisse eingehen müssen, so befindet sich der Markersbacher Viadukt hier ausnahmsweise hinter dem Crottendorfer Bahnhof (vgl. Selte 13).
Foto: Thomas Böttger

Die „Gute Stube" und die Eisenbahn

Es gibt einige Häuser, die direkt an der Bahnstrecke stehen. Mit „direkt" meine ich hierbei, dass man beim Herausgehen auf die Straße nach Passieren der Haustür zunächst ein Bahngleis überqueren muss, bevor man auf die Straße gelangt.

Ein solches Haus, das ich zudem auch von innen kenne, ist das vom Groß-Sattler. Es besitzt sogar zwei schienengleiche Wegübergänge: Einen vor der Haustür und einen zweiten vor dem Hoftor. Und innen erst! Nur Eisenbahnfreunde können verstehen, welch großartiger Anblick es ist, wenn bei Vorbeifahrt eines Zuges Lokomotivräder kurzzeitig ganze Fenster ausfüllen, oder in der oberen Etage Schornstein und Kesselaufbauten der 86er zum Greifen nahe vorbeigleiten, untermalt mit der entsprechenden Geräuschkulisse. So ein Haus - als Urlaubsdomizil für Eisenbahnfreunde hergerichtet - würde wohl kaum an Unterbelegung leiden.

Wir, das heißt der Groß, Wilfried, der Panhans, Dieter und ich haben in diesem Haus damals (Anfang der 70er Jahre) oft gemeinsam Modellbahnteile gebastelt. Zum Beispiel ist von der bekannten Arbeitsgemeinschafts-Anlage die „Dorf-Platte" entstanden, ein Anlagenteil mit dem Modell der Cranzahler Brücke (1973 im Modelleisenbahn-Kalender abgebildet) und noch einiges mehr. Die gute Groß, Elsa hat uns dabei oft mit Kaffee und hervorragendem selbstgebackenem Kuchen verwöhnt, und sie hat die Ruhe bewahrt, wenn es durch unsere Tätigkeiten in ihrer Stube aussah wie bei der Corde-Minn (eine Crottendorfer Kurzwaren-Händlerin, welche zum Synonym für Unaufgeräumtheit wurde). Das sind Erlebnisse, die man für den Rest seines Lebens in dankbarer Erinnerung behält.

Ob wegen eines vor einer Haustür vorbeifahrenden Zuges jemals ein Unfall passiert ist, weiß ich nicht. Jedenfalls waren die Bewohner an die Bahn gewöhnt und auf sie eingestellt. Ein ausfallender Zug fiel ihnen mehr auf als ein zu gewohnter Zeit durch den Ort bimmelnder.

Die "Gute
(Eisenbahn)-Stube"
Zeichnung: S. Bergelt

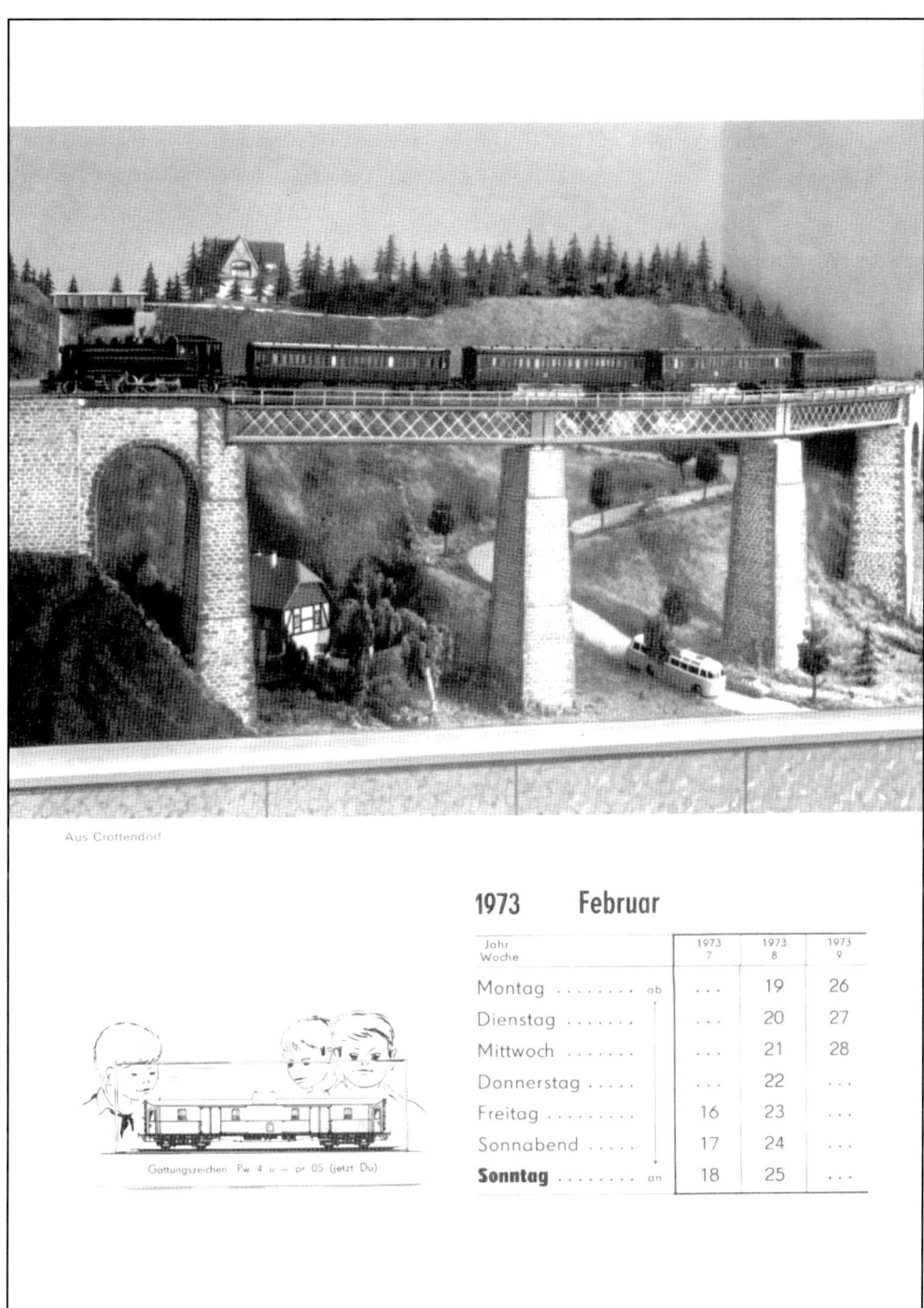

Aus Crottendorf

1973   Februar

Jahr Woche		1973 7	1973 8	1973 9
Montag .... ab		. . .	19	26
Dienstag		. . .	20	27
Mittwoch		. . .	21	28
Donnerstag		. . .	22	. . .
Freitag		16	23	. . .
Sonnabend		17	24	. . .
Sonntag .... an		18	25	. . .

Gattungszeichen Pw 4 u – pr 05 (jetzt Du)

Den Viadukt über das Sehmatal in Cranzahl gestaltete Wilfried Groß auf seiner Heiman-
lage nach. Die BR 86 sowie die sächsischen Abteilwagen sind Eigenbauten von S. Bergelt.
Der Öffentlichkeit vorgestellt wurde diese HO-Anlage im Modelleisenbahnkalender 1973.
Herausgeber: Verlag Bild und Heimat, Foto: Fritz Polster (†)

Einiges über den unteren Bahnhof

Bisher ist in unseren Eisenbahngeschichten der untere Bahnhof etwas kurz weggekommen, obwohl auch er seine Bedeutung hatte. Bis Anfang der 60er Jahre konnten dort noch Güterwagen behandelt werden. Des öfteren bekam der Kohlenhändler Nelson, Arno einen Waggon mit Hausbrandkohle. Auch beobachtete ich ab und zu einen gedeckten Wagen am Güterschuppen. Rangiert wurde mit der Zuglok. Oft wurde der für den unteren Bahnhof bestimmte Waggon am Zugschluss zunächst zum oberen Bahnhof mitgenommen, um aus rangiertechnischen Gründen erst bei der Rückfahrt abgesetzt zu werden. Die Fahrgäste mussten sich wegen eines solchen von der Zuglok auszuführenden Rangiervorganges mindestens 10 Minuten bis zur Weiterfahrt gedulden. Währenddessen saß ich oft in der unteren Schule, manchmal in einem Zimmer mit Blick hinten raus. Lehrer Becker, Gottfried möge mir heute noch verzeihen, wenn ich dabei kurz die Aufmerksamkeit von seinem mit humoristischen Einlagen gewürzten und daher interessanten Russischunterricht abwenden musste. Auch benutzte ich damals manchmal den Zug, um nach dem Religionsunterricht für ganze 3 Groschen vom unteren zum oberen Bahnhof zu fahren.

Nach Wegfall des Güterverkehrs auf dem unteren Bahnhof wurde Mitte der 60er Jahre zunächst die obere Weichenverbindung ausgebaut, und das Gütergleis diente einige Wochen als Abstellgleis für zu verschrottende offene Güterwagen (Typ O „Halle"). Dann wurde das gesamte Nebengleis ausgebaut, und somit definitionsgemäß der „Bahnhof" zu einem Haltepunkt degradiert. Es war nicht mehr möglich, die Lok ans andere Zugende umzusetzen, wie es lt. Bericht meines Vaters in einem schneereichen Winter der 50er Jahre geschehen ist, als die Züge im unteren Bahnhof endeten, bis die Strecke durchs Dorf freigeschaufelt war. Auch wurde der untere Bahnhof - am 8. Dezember 1974 - von einem Hochwasser betroffen.

Bis zur Stilllegung diente der untere Bahnhof noch als Haltepunkt für alle Personenzüge.

Motive mit Dieselloks waren in den 80er Jahren bei den Eisenbahnfreunden weniger beliebt, man kam wegen der BR 86 an die Strecke. Um so erfreulicher ist, dass dieser seltene Einsatz der 106 913 in Crottendorf unt Bf am 02.07.1987 im Bild festgehalten wurde.
Foto: Thomas Becher

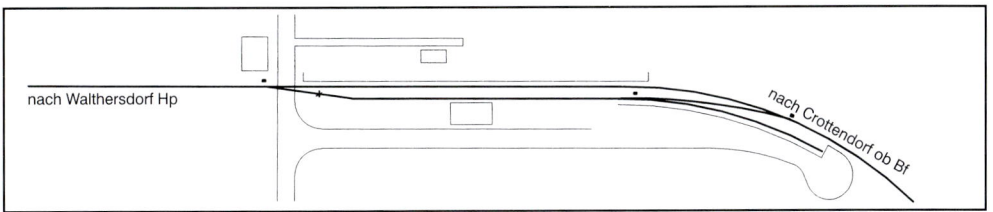

Crottendorf unterer Bahnhof 1960

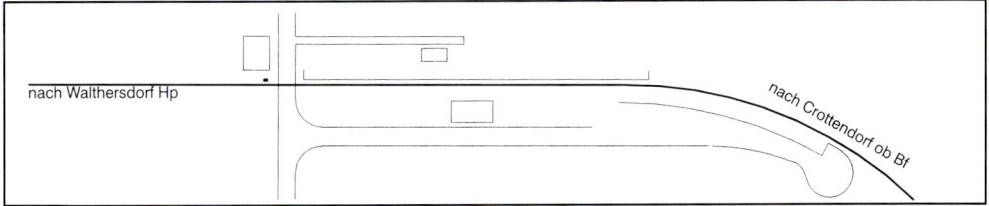

Crottendorf unterer Bahnhof 1989
Zeichnungen: Siegfried Bergelt

Crottendorf unterer Bahnhof im Jahre 1967.
Zeichnung: Siegfried Bergelt

Von schweren Unwetterkatastrophen blieb die Crottendorfer Stichbahn glücklicherweise verschont. Lediglich am 08.12.1974 brachten starke Niederschläge im Fichtelberggebiet das Zschopauflüsschen zum "Überschwappen", so dass ein großer Teil des unteren Bahnhofes überflutet wurde.
Foto: W. Groß, Sammlung Bergelt

Die 70er Jahre, neue Fahrzeuge und Abschied vom Dampf

Behelfspersonenwagen von 1940 bildeten bis 1970 die Crottendorfer Züge. Im Volksmund wurden sie auch als „Wismuter" bezeichnet, weil die Arbeiterzüge im Uranabbaugebiet um Aue oft aus solchen Wagen bestanden. Die Anzahl der Wagen des Crottendorfer Zuges war Ende der 60er Jahre von vier auf drei reduziert worden. Eines Tages - im Jahr 1970 - war einer von den drei Wagen durch einen neuen dreiachsigen „Rekowagen" ausgetauscht worden. Noch 1970 waren alle 3 Wagen erneuert. Diese Rekowagen waren neu bis auf die Fahrgestelle, welche von den alten Abteilwagen stammten. Der Gepäckwagen Pwgs88 von 1956 blieb, er passte gut zu den Rekowagen, hatte aber leider keine Übergänge zu anderen Wagen. Diese Zuggarnitur war nun typisch für Crottendorf und viele andere Nebenbahnen bis Ende der 80er Jahre. Die Behelfspersonenwagen habe ich dann - bis auf einen - nie mehr gesehen. Sie sind wohl sehr schnell verschrottet worden und bekamen nicht die neue Aufgabe als Bauzugwagen, wie es sonst bei älteren Fahrzeugen üblich ist. Der erwähnte eine steht aber heute noch inmitten eines aus Schlaf- und Speisewagen bestehenden Gastwirtschaftsbetriebes (Zughotel) an der ehemaligen Güterrampe des Bahnhofs Wolkenstein. Einen betriebsfähigen Pwgs88 besitzt der Verein Sächsischer Eisenbahnfreunde in Schwarzenberg.

Im September 1975 entstand dieses Foto. Lok 86 1608 befährt mit drei Rekowagen und Gepäckwagen Pwgs88 den Straßenübergang in der Crottendorfer Ortsmitte. In Punkto Sicherheit ging es hier etwas lockerer zu, weder der Bahnübergang noch die Wagentüren waren gesichert. Zugführer Siegfried Scheffler genoss so immer die frische Luft.
Foto: Siegfried Bergelt

Zeitweise wurde in Crottendorf aber auch ein dreiachsiger Reko-Packwagen eingesetzt. Dieser hatte die gleiche Form wie die Personenwagen, ebenfalls stirnseitige Gummiwulst-Übergänge wie die Personenwagen und bildete mit diesen eine typenreine Zuggarnitur.

Auch der Güterwagenpark war Veränderungen unterworfen. Die Bremserhäuschen verschwanden, Holzwände bei Güterwagen wurden durch Blechwände ersetzt, bei gedeckten Wagen nur in der oberen Hälfte. Sang- und klanglos verschwanden bis Anfang der 80er Jahre die für Crottendorf typischen Kalk-Klappdeckelwagen. Da bei der Deutschen Bundesbahn damals schon die Güterwagen überzählig wurden, kam es gerade recht, dass die Deutsche Reichsbahn viele davon abnahm. Es erschienen gedeckte und offene Güterwagen, die in den 50er/60er Jahren für die DB gebaut wurden, auch ehemals französische, alle als Eigentum der Deutschen Reichsbahn beschriftet. Als echt neue Wagen erschienen die im RAW Leipzig gebauten langen zweiachsigen „Gbs"-Wagen mit den gesickten Blechwänden, sowie die Selbstentladewagen, mit denen zuletzt die Firma Gräbner ihre Kohlelieferungen bekam. Ein Phänomen war Mitte der 70er Jahre die „Kühlwagenschwemme" (siehe Foto Seite 34). Die Schienenfahrzeugindustrie der DDR muss wohl damals Absatzschwierigkeiten ins Ausland gehabt haben. Über viele Tage stand der obere Bahnhof voller fast neuer Kühlwagen (meist weit über 10 Stück). Diese Wagengattung war sonst nie in Crottendorf. Die Kühlwagen wurden alle mit verzinkten Flaschentransportkästen beladen. Vielleicht wurde in Schwerin dann noch die Milch beigegeben? Nach etwa 14 Tagen war die Kühlwagenschwemme wieder vorbei.

Eine Neuheit der 70er Jahre waren die Expressgutwagen. Die Expressgutsendungen brauchten nun nicht mehr in der knappen Zeit vor der Abfahrt des Zuges am Gepäckwagen aus- und eingeladen zu werden. Statt dessen wurde ein Expressgutwagen bis zum nächsten Tag an den Güterboden gestellt und konnte auch zwischen den Zugfahrten ent- und beladen werden. Als Expressgutwagen kamen folgende Bauarten zum Einsatz:

1. Ehemaliger Güterzug-Packwagen Pwg preußischer Bauart mit Holzwänden
2. Ehemaliger Kriegs-Güterzugpackwagen von 1941 (Bauart wie Behelfspersonenwagen)
3. Pwgs88, wie auch am Personenzug verwendet
4. Gedeckter Güterwagen Gbs mit poststempelähnlichem Emblem „Expreßgut"

Der Abschied vom Dampf (dass es noch nicht der letzte war, wusste damals keiner) fand im Mai 1977 statt. Nur eine Hand voll Enthusiasten wohnte diesem Ereignis bei. Die „letzte" 86er Lok, die 86 245, hatte bereits keine Nummernschilder mehr, sondern die EDV-Nr. 86 1245-9 war nur mit weißer Farbe aufgemalt. Die Anzahl der bei der DR vorhandenen 86er Loks war bis Ende der 70er Jahre von 175 auf ganze 5 geschrumpft. Fortan waren zum Teil fabrikneue Dieselloks V 100, EDV-mäßig in „110" umgenummert, die Zugpferde der Crottendorfer Eisenbahn.

Über 40 Jahre gehörten die 86er zum gewohnten Bild auf der "Crotten-dorfer Schiene". Von der "letzten" Fahrt zum Fahrplanwechsel Mai 1977 wurde deshalb kaum Notiz genommen. Rechts im Bild das bereits mehrmals erwähnte BHG-Ladegleis. Foto: Siegfried Bergelt

Wohnung Familie Bergelt

In den 70er Jahren bestimmten Fahrzeuge aus der "volkseigenen" Industrie das Bild. Im Güterzugdienst kam vereinzelt auch die DR-Baureihe 106 zum Einsatz. An der manuellen Verfrachtung der Cromefa-Milchflaschenkästen hat sich allerdings noch nichts geändert. Foto: Siegfried Bergelt

Der Schneewinter 1970

Anfang März war so viel Schnee gefallen, dass der Eisenbahnverkehr auf vielen Strecken für einige Tage ruhen musste. Damals war ich Maschinenbau-Student in Karl-Marx-Stadt (heute wieder Chemnitz). Schon an jenem Donnerstag waren die schmalspurigen Straßenbahnen der Linien 3, 4, 7 und 8 aufgrund des Schnees nur als Solotriebwagen - ohne Anhängewagen - unterwegs. Viele Busse fuhren am Freitag nicht, auch Linie T-412 Geyer - Crottendorf war betroffen. Deshalb wechselten die am Busbahnhof Wartenden zum Hauptbahnhof über. Ein Richtung Dresden fahrender 4-teiliger LOWA-Doppelstockzug mit E 94 nahm uns bis Flöha mit. Dort warteten wir weiter. Nachdem unser Zug aus Oederan (weiter konnte er nicht) zurückkam, geschah das nicht für möglich Gehaltene: Ein Zug nach Annaberg wurde angekündigt. Dieser Zug (Lok 86 und 8 kurze Reko-Wagen) kam auch bald von dort. Die Lok setzte ans andere Ende um, und er fuhr mit uns wieder in Richtung Annaberg. Es war gemütlich warm im Zug. Nur der Blick aus den Fenstern, mit deren Unterkante sich die Oberfläche des Schnees auf gleicher Höhe befand, erinnerte an den Winter da draußen. Die Eisenbahner hatten bis Annaberg unterer Bf. das Streckengleis geräumt. Nun hieß es aber: Endstation, alles aussteigen. Jetzt mussten wir, eine Gruppe zum größten Teil aus am Wochenende heimkehrenden Lehrlingen und Studenten bestehend, zu Fuß durch den hohen Schnee nach Hause stapfen. Es war eine angenehme Wanderung in lustiger Gesellschaft.

Im März 1970 hatte besonders das obere Erzgebirge unter der "weißen Pracht" zu leiden. Vielerorts ging gar nichts mehr. Die Erkennbarkeit des Andreaskreuzes am oberen Bahnhof in Crottendorf war deshalb nicht mehr notwendig, da hier mehrere Tage keine Züge fuhren.
Foto: Siegfried Bergelt

Insbesondere der Einsatzbereitschaft der Eisenbahner war zu verdanken, dass sich die Lage nicht zum Chaos entwickelte. So wurde die Strecke erst einmal mit Hilfe eines Klima-Schneefluges von den Schneemassen befreit.
Foto: Siegfried Bergelt

Das Auftauen der Spurrillen an den zahlreichen Wegübergängen geschah anschließend mittels Dampfstrahl. Dazu wurde die Hauptdampfleitung der 86er entsprechend umfunktioniert.
Foto: Siegfried Bergelt

In Crottendorf fuhr etwa eine Woche lang kein Zug. Der erste bei Wiederaufnahme des Betriebes bestand aus nur einem Wagen (Traglasten-Behelfspersonenwagen) und der Lok 86 549.

Zum Schneeräumen wurde auch in Crottendorf meist der „Klima-Schneepflug" verwendet. Die Bezeichnung „Klima" ist in dem Falle der Name des Konstrukteurs und hat nichts mit dem Wetter zu tun, obwohl das auch nicht so unlogisch wäre. Solche Schneepflüge wurden meist auf Fahrgestellen alter Loks oder Tender aufgebaut und haben außer der Hauptpflugschar auch unten noch eine kleine absenkbare, welche den Schnee zwischen den Fahrschienen entfernt. Da an Wegübergängen (von denen es in Crottendorf nicht wenige gibt) der Schienenzwischenraum mit Straßenbelag zugebaut ist, musste diese Pflugschar vor jedem Übergang angehoben und danach wieder gesenkt werden. Dem Schneepflugbedienern wurde dies durch Signaltafeln angezeigt, in Form eines „V" (Signal So7a, Spitze nach oben: Schar heben - Signal So7b, Spitze nach unten: Schar senken). Logischerweise gab es in Crottendorf einen ganzen Wald solcher Tafeln. Für noch mehr Schnee gab es die Schneeschleuder. In Buchholz war seinerzeit eine Henschel-Dampfschneeschleuder beheimatet, welche meist in Richtung Bärenstein und Annaberg oberer Bahnhof (Nähe Kätplatz) eingesetzt wurde. Bei der Dampfschneeschleuder treibt eine Dampfmaschine das stirnseitige Schleuderrad an.

Dasselbe besteht aus einer Rosette kegliger Hohlkörper, welche an der Längsseite geschlitzt und mit Messer bestückt sind. Dieses Messer kratzt den Schnee ins Innere des Hohlkörpers, aus dem er durch die Fliehkraft zur Seite (links oder rechts des Gleises, je nach geöffneter Klappe) herausgeschleudert wird. Im Gegensatz zur Schweizer „X-ROT" hatte diese Schneeschleuder keinen Fahrantrieb, musste also stets von Loks geschoben werden. Ein weiteres Winterdienstfahrzeug war ab den 70er Jahren der sowjetische Schneeräumzug.

Er kehrte den Schnee in sich hinein (auch manchmal eine Weichenlaterne) und konnte ihn abtransportieren, musste aber auch von einer Lok bewegt werden. Der Zug war bestens geeignet für große Bahnhöfe, auf denen neben oder zwischen den Gleisen kein Platz zum Ablegen des Schnees ist. In Flöha war ein solcher Zug stationiert.

Erwähnenswert sind zu diesem Thema die gleich an den Zugloks montierten Pflugscharen, wie sie seit eh und je sich an den Oberwiesenthaler Loks befinden. Eine Zeit lang wurden auch für Normalspurloks Pflugscharen produziert.

Der erste wieder planmäßig verkehrende Personenzug bestand aus nur einem Behelfspersonenwagen, gezogen von der 86 549 des Bw Aue.
Foto: Siegfried Bergelt

Die Baureihe 110 (ehem. V 100) - wieder eine Crottendorf-Lok

Nachdem die 86 1245-9 die letzte Dampflokfahrt nach Crottendorf absolviert hatte, übernahm die „110" sämtliche Zugleistungen. Die damals eingesetzten 110 waren fast fabrikneu. Die allererste wurde 1964, 13 Jahre vor der Crottendorfer Traktionsumstellung, im Lokomotivbau Babelsberg (LKM) konstruiert, gebaut und anschließend erprobt. Der Serienbau dauerte etwa bis Ende 1977 an, für eine Variante für die Volksrepublik China sowie als Güterzugvariante ohne Heizkessel sogar bis 1982. Die Serienfertigung erfolgte aber im LEW Hennigsdorf.

Zur Vorgeschichte: Zwischen der 106 (V 60) im Leistungsbereich 600 PS und der 118 (V 180) mit 1800 PS sollte die Lücke durch eine Lok mit etwa 1000 PS geschlossen werden. Ursprünglich sollte ein sowjetisches Produkt importiert und analog zu den bekannten Großdieselloks für deutsche Verhältnisse modifiziert werden. Aber „Von der Sowjetunion war jedoch keine Lieferzusage zu erhalten, so dass bei der Reichsbahn und der Staatlichen Plankommission ernste Zweifel an der Lieferfähigkeit des größten Handelspartners der DDR aufkamen . . ." [7]. Deshalb erhielten das Institut für Schienenfahrzeuge (IfS) und LKM Babelsberg den Auftrag, im Rahmen der Typenreihe für Brennkraftlokomotiven eine Maschine mit ca. 1000 PS Leistung zu entwickeln.

Eine ganze Menge von Dampflokbaureihen konnten durch die V 100 ersetzt werden, so auch unsere sächsischen 38.2-3 und 75.5 sowie die Einheitslok Baureihe 86. Deshalb stand die V 100 damals bei den Dampflok-Nostalgikern in keinem guten Ruf. Aber die V 100 war von Anfang an wohlgelungen - ohne nennenswerte Kinderkrankheiten hat sie sich schnell bewährt. Die wesentlichen Aggregate der V 100 sind baugleich mit denen der zweimotorigen V 180, ein großes Plus für die Wartung. Auch ist der Lokführer im Mittelführerstand bei Auffahrunfällen relativ gut geschützt, wie Beispiele aus der Praxis zeigten.

Ende der 70er Jahre dürften alle Dampfloks dieses Leistungsbereiches durch die V 100, die dann schon 110 hieß, ersetzt gewesen sein. Mit dem als „Doppeltes Lottchen" bezeichneten Gespann (zwei 110er von nur einem Lokführer gesteuert) ersetzte man im Bereich des BW Aue auch die schweren Güterzugloks der Baureihe 58 vor langen

Die Dieseltraktion war in Crottendorf hauptsächlich durch die BR 110 vertreten. Lokführer Eberhard Wiedemann, welcher auch auf der 86 "zu Hause" war, stellt hier auf dem oberen Bahnhof an einem Wintertag des Jahres 1978 mit "seiner" 110 618 einen Güterzug zusammen.
Foto: Siegfried Bergelt

schweren Güterzügen, wie man sie heute nur selten sieht. Zur Jahrtausendwende waren die inzwischen mit 202, 204 und 298 bezeichneten V 100-Varianten bereits keine Massenware mehr. Die Deutsche Bahn AG wird sie bald vollständig aus dem Verkehr ziehen. Von Chemnitz aus waren sie in den letzten Jahren noch vor „Ein-Wagen-Zügen" (Der PS-Anteil pro beförderte Personen war dabei etwa mit einem „Porsche" vergleichbar) in Richtung Rochlitz oder Hainichen zu beobachten. Die 202 844, welche die letzte Zugfahrt nach Crottendorf durchführte, war anschließend in Chemnitz und in Dresden stationiert. Sie befuhr z. B. bis zum Einsatz der Regiosprinter die Strecke Heidenau - Altenberg.

Wenn auch die DB AG ihre V 100 ausmustert; alle gehören deshalb noch nicht zum „alten Eisen". Es spricht eindeutig für die solide Konstruktion, dass das Werk Adtranz in Kassel die Ex-DR-V 100 remotorisiert, für den Einsatz auf Privatbahnen. Einige Beispiele dazu sind: Stadtwerke Chemnitz, Prignitzer Eisenbahn-Gesellschaft, Augsburger Lokalbahn, Stahlwerke Thüringen, Braunkohlenwerk Knappenrode, Karsdorfer Eisenbahngesellschaft, EKO Stahl Eisenhüttenstadt.

In den ersten Jahren nach der deutschen Einheit waren die V 100 noch als "110" bezeichnet. Auch bei der DB gab es diese Baureihe, allerdings handelte es sich dort um eine Elektrolok (ehemalige E 10).
Vor der Verschmelzung zur Deutschen Bahn erfolgte deshalb eine Änderung der Baureihenbezeichnung.
Am 08.05.1991 ist 110 773 soeben mit einem Personenzug aus Richtung Aue eingefahren, daneben wartet
110 829 mit dem Crottendorfer Zug.
Foto: Rainer Heinrich

Ab dem Jahresfahrplan 1988/89 hatte schließlich die BR 110 wieder die "Hoheit" auf der Strecke.
Im Mai 1994 fuhr die nun als 201 829 bezeichnete Original-V 100 durch das obere Zschopautal.
Foto: Thomas Böttger

Neue Gleise für den oberen Bahnhof

Soweit ich es beobachten konnte, wurden seit den 50er Jahren von den Strecken-arbeitern stets nur kleine Notreparaturen erledigt. Hie und da wurden einige Schwellen durch neuere ersetzt, auch neuer Schotter eingebracht, bestenfalls auf wenigen Metern Gleis. Oder es wurden Spurhalter eingebaut; das sind Eisenstangen, die beide Fahrschienen auf Abstand fixieren. Das Schienenmaterial war ebenfalls sehr alt, man sah oftmals den Schriftzug „König Albert . . .", welcher im Schienensteg in erhabenen Lettern eingewalzt war. Auch hatten die Schienen unterschiedliche Stärken, welche durch geschweißte Übergangsstücke ausgeglichen wurden, obwohl sonst aller 15 Meter die Schienenstücke mit geschraubten Laschen verbunden waren. Freie Schraublöcher im Schienensteg zeugten oftmals davon, dass die Schienen ihre beste Zeit schon anders-wo verbracht hatten. Auch die zwölf Weichen beider Crottendorfer Bahnhöfe waren von unterschiedlichster Ausführung. Ich sah noch gusseiserne Herzstücke und Radlenker. Auch gab es noch alte sächsische Weichenstellböcke mit Schwenkkugeln (2 Stück bis zum großen Umbau, einer z. B. an Weiche 2 zum Kalkrampengleis).
Die Rotte - so wurde die Brigade der Gleisbauarbeiter im Eisenbahnerdeutsch bezeich-net - erledigte in den 50er Jahren ihre Arbeit hauptsächlich mit Stopfhacke, Schottergabel und großem Schraubenschlüssel voll von Hand.

Mit schwerer Technik ging es im August 1976 zu Werke, um den kompletten Oberbau auf dem oberen Bahnhof zu erneuern. Mit dem im Hintergrund zu sehenden Anhängern wurden die Flaschenkästen von dem VEB Cromefa zur Bahnverladung transportiert.
Foto: Siegfried Bergelt

Als Transportmittel hatten sie ein kleines handgeschobenes Schienenwägelchen. In den 60er Jahren gab es dann schon den Rottenkraftwagen Typ Schöneweide, motorgetriebene Schrauber und Stopfgeräte.

Anfang der 70er Jahre wurden die Gleisabschlüsse am Güterbodengleis (bestens gepflegtes Stiefmütterchenbeet mit Schwelle und Radvorleger davor) und am BHG-Gleis (schwellen- umrandeter Erdhaufen) mit „richtigen" Prellböcken aus Schienenprofilen ausgestattet. Mehr war bis dahin nicht los zum Thema Gleisbau.

Aber im August 1976 rückte große Technik an. Der obere Bahnhof wurde - unter Beibehaltung des Gleisplanes - komplett mit neuen Gleisen und Weichen ausgestattet, wahrscheinlich erstmalig mit fabrikneuen. Ein Eisenbahndrehkran EDK 80, Gleisjochtransportwagen und Schotterzüge mit der V 60 (106 508-5) bestimmten das tägliche Bild auf dem oberen Bahnhof.

Der in den Folgejahren zu bewältigende Güterverkehr dürfte die Investition gerechtfertigt haben.

Gelagert wurde das schon montierte Oberbaumaterial auf der Ladestraße, welche dazu für Fahrzeugverkehr gesperrt werden musste.
Foto: Siegfried Bergelt

Der benötigte Schotter wurde mit Ganzzügen zur Baustelle gefahren. Damals konnte man es sich nicht leisten, trotz der umfangreichen Oberbauarbeiten, alle Güter auf der Straße zu befördern. So wird rechts am Bildrand gerade Schüttgut für die BHG mittels eines S 4000-Autodrehkranes entladen.
Foto: Siegfried Bergelt

Auch die Strecke wird erneuert

Ein mit neuen Gleisen ausgestatteter Bahnhof allein nützt nicht viel, wenn er an eine heruntergewirtschaftete Strecke anschließt. Jedoch auch hier wurde Abhilfe geschaffen.

Die seit 1977 von Dieselloks beförderten Züge brauchten einen neuen Schienenweg. Deshalb wurde im Jahre 1980 unter Verwendung von sonst auf Großbaustellen der Hauptstrecken bekannten Großgeräten das komplette Streckengleis ab Abzweig Walthersdorf erneuert.

Der große sechsachsige Eisenbahndrehkran und der lange Gleisjochverlegezug mit seinem riesigen Ausleger wirkten zwischen den Häusern im Ortskern von Crottendorf noch um einiges größer.

Man kann mit Fug und Recht sagen, dass damals im Ergebnis der Bauarbeiten Crottendorf eine Eisenbahn hatte, die sich auf der Höhe der Zeit befand, mit modernen Durchgangs-Reko-Wagen, Dieselloks und neuen Gleisen.

Die demontierten Altgleise wurden mittels Eisenbahndrehkran auf einen Rungenwagen verladen, man beachte die Kombination der Verkehrszeichen rechts im Vordergrund.
Foto: W. Groß, Sammlung Bergelt

Nach dem die Gleisstücke am Übergang Hauptstraße mittels Schneidbrenner getrennt worden sind, werden sie mit Hilfe des Kranes angehoben.
Foto: W. Groß, Sammlung Bergelt

Für "Kleinigkeiten" ist nun die leichtere Technik, wie hier dieser Spezialtraktor (Geräteträger Maulwurf) zuständig.
Foto: W. Groß, Sammlung Bergelt

Mittels einer Planierraupe kann nun das neue Schotterbett vorbereitet werden, was von Sattlermeiser i. R. Walter Groß interessiert verfolgt wird.
Foto: W. Groß, Sammlung Bergelt

Aus Richtung Schlettau erfolgt die Oberbauerneuerung mit einem Gleisjochverlegezug sowjetischer Bauart, welcher durch eine Lok der Baureihe 106 bewegt wird.
Foto: W. Groß, Sammlung Bergelt

Bevor das nächste Gleisjoch bewegt wird, gönnt sich der Kranführer aber erstmal eine Zigarettenpause.
Foto: W. Groß, Sammlung Bergelt

Es dampft wieder

Die Baureihe 110 mit ihren drei Reko-Wagen in zwei- und dreiachsiger Ausführung und dem Gepäckwagen Pwgs88 sind inzwischen zur Alltäglichkeit geworden. Dann taucht 1982 ziemlich überraschend wieder die Dampflok auf. Auf Grund der Erdölkrise wurden alle einsatzfähigen kohlegefeuerten Dampfloks wieder reaktiviert, und auf der Crottendorfer Strecke ist es die Museumslokomotive 86 001 (86 1001-6), welche ab diesem Zeitpunkt den täglichen Dienst verrichtet. Später wechselt sie sich mit der 86 501 (86 1501-5) ab, auch 86 056 (86 1056-0) und 86 333 (86 1333-3) kamen nach Crottendorf. Der Dampflokeinsatz wurde auch damit begründet, dass wegen der vielen unbeschrankten Wegübergänge sowieso aus Sicherheitsgründen zwei Mann auf der Lok sein müssten.

Für Eisenbahnfreunde aus aller Welt hatten hiermit herrliche Zeiten begonnen. Leute mit den verschiedensten Dialekten, mit Kameras und Stativen aller Art wurden an der Crottendorfer Schiene gesichtet. Durch den letzten Planeinsatz der Baureihe 86 ist Crottendorf weit über Sachsens Grenzen hinaus bekannt geworden.

Am 18. Juni 1986 entgleiste die 86 1501-5 am Überweg der Rathausgasse an derselben Stelle, an welcher 1913 die VT entgleiste. Als Grund wurden zugeschwemmte Spurrillen genannt. Durch heftige Regenfälle wurde ständig Erdreich eingeschwemmt, welches sich durch die Zugfahrten so weit verdichtete, bis es schließlich die Lokräder anhob und die Spurkränze über die Schiene kletterten.

Die Dampflokeinsätze hielten bis zu Beginn des Jahresfahrplanes 1988/89 an. Dann war der Mangel an Dieselkraftstoff kein Thema mehr und die Deutsche Reichsbahn verabschiedete sich endgültig von der Dampftraktion auf Regelspurstrecken.

Generationen liegen zwischen beiden Schienenfahrzeugen, Containerwagen und Einheitsdampflok 86 1056. Entstanden ist diese Aufnahme am 22.01.1988 im Bahnhof Schlettau. Foto: Matthias Hengst

So richtig aufgehört zu dampfen hatte es auf der Crottendorfer Schiene eigentlich nie. Nach Reparaturen oder RAW-Aufenthalten absolvierte die in Annaberg-Buchholz Süd stationierte 86 1001 auch Probefahrten mit Planzügen. So fuhr am 19.08.1978 der P 19632 als Dampf(-straßen-)bahn talwärts.
Foto: Heinrich Fritzsche

Um Dieselkraftstoff zu sparen gab es mehrere Möglichkeiten - die DR reaktivierte ihre (kohlegefeuerten) Dampfloks. Kohlehändler Gräbner Erich setzte auf den "Hafermotor". Festgehalten auf dem Crottendorfer oberen Bahnhof am 01.06.1982.
Foto. Rainer Heinrich

Die letzte (?) Entgleisung einer 86er in Crottendorf ereignete sich am 18.06.1986 an der Zschopaubrücke vor dem Rathaus (als Vergleich sollte das Bild auf Seite 19 dienen). Diesmal waren zugeschwemmte Spurrillen die Ursache.
Foto: Christfried Melzer (†), Sammlung Bergelt

Herrliches (Eisenbahn)-Wochenendwetter bot der 31.05.1982, als 86 1001 mit einem Pmg vorbei an Bauernhöfen durch die dörfliche Idylle von Walthersdorf dampft. Etwas irritiert blickt der Lokführer zu den zahlreich erschienenen Fotografen.
Foto: Thomas Böttger

Das große Jubiläum

Schon etwa ein Jahr vorher war von dem geplanten Jubiläumsfest in der Presse zu lesen, welches gemeinsam von der Deutschen Reichsbahn mit den Anliegergemeinden vorbereitet wurde. Das einhundertjährige Bestehen der Bahnstrecken Schwarzenberg-Annaberg und Schlettau-Crottendorf sollte besonders würdig gefeiert werden.

Und so war es dann auch an jenen Augusttagen des Jahres 1989. Bei herrlichem Wetter traf der Sonderzug auf dem oberen Bahnhof ein. Es war der so genannte Zwickauer Traditionszug, bestehend aus fünf Eilzugwagen und passendem Gepäckwagen aus den 30er Jahren, von Zwickauer Eisenbahnern liebevoll und historisch-getreu restauriert. Die Lok brauchte nicht umgesetzt zu werden, was bei den Menschenmassen auf den Gleisanlagen auch etwas schwierig gewesen wäre. Es befand sich an jedem Ende eine Lok, und zwar die 86 001 und die 86 501, welche, im Gegensatz zu den Wagen, längere Zeit auf der Crottendorfer Strecke zu Hause waren. So konnte nach mehrstündigem Aufenthalt der Zug in seiner ursprünglichen Zusammenstellung wieder talwärts rollen.

Flankiert wurde das Jubiläum von einer Modellbahnausstellung, Souvenir- und Imbissständen. Auf dem Buchholzer Bahnhof waren Originalloks ausgestellt, darunter der Nachbau der ersten in Deutschland gebauten Lokomotive, der „Saxonia". Wer wollte, konnte ein Stück auf dem Führerstand einer Dampflok mitfahren.

Es war ein gelungenes Fest, welches wohl bei allen damals Anwesenden lange in Erinnerung bleiben wird.

Solch ein Gewimmel möcht´ ich seh´n - würde wohl heute mancher Bahnmanager zu diesem Bild sagen. Der bestens gepflegte Zwickauer Traditionszug mit den beiden schon erwähnten 86ern sowie die gute Laune des "Wettergottes" machten diese Veranstaltung zu einem Höhepunkt im dörflichen Leben.
Foto: Siegfried Bergelt

Volksfestartigen Charakter hatte das 100 jährige Bahnjubiläum. Dieser Blick von der Crottendorfer Kalkverladeanlage bietet eine gute Übersicht: Auf der Verladerampe am Güterschuppen hat sich eine Musikkapelle platziert, viele Gebäude sind geschmückt, unvermeidlich dabei die Beflaggung des Empfangsgebäudes.
Foto: Rainer Heinrich

Den Mittelpunkt der Feierlichkeiten bildete die Fahrzeugausstellung auf dem Bahnhof Annaberg-Buchholz Süd. Mit von der Partie war auch die nicht betriebsfähige Museums-lok 24 004 , welche jahrelang im Schlettauer Lokschuppen untergestellt war.
Foto: Thomas Böttger

Plandampf - eine neue Wortschöpfung

Nach dem Ende des Dampfbetriebes verstärkte sich bei den Eisenbahnfreunden der Wunsch, wieder einmal Dampfloks in Aktion zu erleben. Es kann zwar bei der Bahnverwaltung ein dampfbespannter Sonderzug bestellt werden, aber das war manchen zu wenig. Es entstand die Idee, täglich verkehrende Planzüge in einer bestimmten Region (sonst von Diesel- oder E-Loks gezogen) für zwei bis drei Tage mit Dampfloks zu bespannen und den Betrieb zu simulieren wie in alten Zeiten. Die Mehrkosten müssen selbstverständlich von den Eisenbahnfreunden getragen werden, welche dafür ausführliche Fahrplanunterlagen erhalten. Solche Plandampf-Spektakel fanden zum Beispiel schon in Thüringen, im Raum Magdeburg, Berlin oder Dresden und der Lausitz statt, organisiert vom Hamburger Eisenbahnfreund Robin Garn oder dem VSE (Verein Sächsischer Eisenbahnfreunde), wie der Plandampf im Erzgebirge im Februar 1992. Dabei wurde auch die Crottendorfer Strecke einbezogen. Am 25. Februar 1992 beförderte die 38 205 die Züge nach Crottendorf und am 26. Februar die 86 001. Wie in alten Zeiten konnte die Dampflok an der Strecke oder beim Rangieren der Güterwagen auf dem oberen Bahnhof beobachtet, fotografiert oder gefilmt werden. Davon wurde rege Gebrauch gemacht.

Leider wird es für die Organisatoren immer schwieriger, derartige Veranstaltungen durchzuführen. Die betriebsfähigen Dampfloks werden immer weniger, ebenso die Bahnstrecken und die Kooperationsbereitschaft der Deutschen Bahn AG.

Am 21.12.1991 führte schon eine Plandampfaktion des VSE auch Richtung Crottendorf. Die nicht betriebsfähige 94 2105 wurde dabei mit Hilfe der 86 1001 bis Schlettau geschleppt und dort fotogerecht aufgestellt. Im Vordergrund des Bildes sind einige Anlagen der Triebfahrzeugeinsatzstelle Annaberg-Buchholz Süd zu sehen, wo auch die Lokomotiven "unserer" Strecke beheimatet waren.
Foto: Thomas Becher

Am Abend des 25.02.1992 steht die 38 205 im Bahnhof Schlettau bereit zur Fahrt nach Crottendorf oberer Bahnhof.
Foto: Gunter v. Hartwig

Einen Tag später fährt 86 1001 nochmals Planzüge, wie hier den Gmp 68364, durchs Zschopautal, wie diese Aufnahme, entstanden bei Walthersdorf, zeigt.
Foto: Iris Fritzsche

Wieder seltene Fahrzeuge zu Gast

Besonders in den ersten Jahren nach der politischen Wende häuften sich in der Vorweihnachtszeit die Sonderzüge in Richtung Erzgebirge. Ob aus Berlin, Leipzig, Dresden, Stuttgart oder Nürnberg. Verständlich, dass nun auch gesamtdeutsche Bürger das Erzgebirge im Lichterglanz besichtigen wollten, die es bisher noch nicht kannten. Besonders an Adventssonntagen wurden auf dem Chemnitzer Hauptbahnhof Sonderzüge beobachtet, die Neuhausen, Cranzahl oder Schwarzenberg als Ziel hatten. Darunter waren der DR-Triebwagenzug SVT 18.16 (Anfang der 60er Jahre für den Fernverkehr in Görlitz gebaut) der Bundesbahn-Triebwagen VT 08, genannt „Eierkopp" wegen der runden Form seiner Enden, Honeckers Regierungszug mit Diesellok V 180, ein Schnellzug mit der Bundesbahn-E 03 oder der Bundesbahn-Triebzug VT 601, welcher in seinen besten Zeiten als TEE (Trans-Europa-Express) ganz Westeuropa befuhr. Letzterer - leider erfuhr ich es hinterher - stattete Crottendorf einen Besuch ab. In der Jubiläumssendung "10 Jahre Eisenbahn-Romantik" (09.04.2001), wurde neben anderen Highlights eine Szene dieser Fahrt durch Crottendorf gezeigt. Doch nicht nur im Winter war Crottendorf ein Sonderzug-Ziel. Am 27. August 1994 führte eine Sonderzugfahrt des VSE von Schwarzenberg zum oberen Bahnhof Crottendorfs. Vorgespannt war die vereinseigene Lok 50 3616. Damit dürfte erstmals eine „50er" in Crottendorf gewesen sein. Früher hieß es immer in Eisenbahnerkreisen, für die lange 50er seien die Bogenradien zu klein, insbesondere die gegenüber der Martin-Fabrik. Aber, wie man sehen konnte, es ging. Ein Jahr später wurde von den Schwarzenbergern als „Fahrt ins Blaue" eine weitere Crottendorf-Reise mit der 50er unternommen. Die Baureihe 50 war somit die letzte Dampflokomotive, welche die Crottendorfer Strecke befahren hat.

Ein seltener Gast in Crottendorf war die VSE-eigene Rekodampflok 50 3616.
Am 27.08.1994 fuhr sie mit einem Sonderzug in den oberen Bahnhof ein.
Foto: Heinrich Fritzsche

Ein völlig ungewohntes Bild bot die Fahrt des VT 601 014 (Bw Hamm) am 28.01.1996 durch das verschneite Erzgebirgsdorf.
Foto: Heinrich Fritzsche

Dieses Foto entstand am gleichen Tag im Bahnhof Schlettau, als der VT 601 seine Rückfahrt über Aue und Zwickau fortsetzte.
Foto: Thomas Becher

Noch zweimal Erneuerung der Wagen - Betriebsruhe am Wochenende

Ende der 80er Jahre begann die DR, die zwei- und dreiachsigen Reko-Wagen auszumustern, welche damals etwa 30 Jahre alt gewesen sind. Mit diesen Wagen hatte das Reko-Programm Ende der 50er Jahre begonnen. Die Fahrgestelle der Reko-Wagen stammten von Länderbahn-Wagen und waren noch bis zu 50 Jahre älter. Es gab damals den Begriff „Recycling" noch nicht, aber das Reko-Programm der DR war eine hervorragende Anwendung desselben. Diese zwei- und dreiachsigen Fahrzeuge wurden nach ihrem Ausscheiden aus dem Bestand ersetzt durch vierachsige. Die vierachsigen, als letzte Entwicklung des Reko-Programmes entstandenen Wagen, tauchten erstmals Ende der 60er Jahre als Einzelgänger in den Zügen der Strecke Flöha - Bärenstein auf. Kurze Zeit später erschien dort ein komplett werksneuer 5-Wagen-Zug. Diese im RAW Halberstadt rekonstruierten Fahrzeuge waren damals neben den Neubauten aus dem Waggonbau Bautzen die komfortabelsten Wagen der DR. Sie wurden deswegen meist in Schnellzügen verwendet. Die letzten in Halberstadt hergestellten Wagen dieser Art waren sogar komplette Neubauten, da alle verwertbaren Alt-Fahrzeuge aufgebraucht waren. Die Wagen waren für Vierachser relativ kurz (Länge über Puffer 18,7 m). Das rührte daher, dass die Schiebebühnen des Halberstädter Werkes keine größeren Längen zuließen - bis zu einem Umbau. Danach wurden die 26,4 m langen Wagen gebaut, die „langen Halberstädter". Ein Teil davon wurde inzwischen zu Interregio- und Stadtexpresswagen modernisiert, ein anderer Teil nach seiner Glanzzeit auf Nebenbahnen eingesetzt. Dabei wurden auch ehemalige 1-Klasse-Wagen zur 2. Klasse degradiert.

Auch in Crottendorf wurden die „langen Halberstädter" eingesetzt. Zwei davon, mit der 202 als Zuglok, waren die letzte Zuggarnitur der Strecke. Güterwagen sah man hier längst keine mehr. Der Zug fuhr nur noch werktags, zur Schüler-Beförderung. Die Wagen hatten Türschließeinrichtungen; damit waren nach über 100 Jahren die Crottendorfer Züge erstmals sicher. Es brauchte endlich keiner mehr darüber nachzudenken, ob der Zug beim Aussteigen auch schon angehalten hat. Ein enormer Fortschritt, der aber über das abzusehende Ende nicht hinwegtäuschen konnte.

453 Schlettau (Erzgeb)–Crottendorf ob Bf   453

19631	19633		19639	19643	19645	19647		km	Rbd Dresden	Zug Nr	19630	19632		68364	19642	19644	19646
4.40	6.08		13.15	15.44	16.49	18.20	0		Schlettau (Erzgeb)		5.44	7.12		14.37	16.40	17.51	19.17
4.42	6.10		13.17	15.47	16.51	18.22			Walthersdorf (Erzgeb)		5.42	7.10		14.35	16.38	17.49	19.15
4.43	6.12		13.18	15.47	16.55	18.23	1		Walthersdorf (Erzgeb)		5.34	7.05		14.34	16.37	17.48	19.14
4.47	6.16		13.23	15.52	17.00	18.30	3		Walthersdorf (Erzgeb) Hp (u)		5.30	7.01		14.30	16.33	17.44	19.10
4.55	6.24		13.32	16.00	17.07	18.35	5		Crottendorf unt Bf (u)		5.23	6.54		14.22	16.26	17.37	19.03
5.01	6.30		13.38	16.05	17.13	18.40	7		Crottendorf ob Bf		5.17	6.48		14.16	16.20	17.31	18.57

🟦 nicht am 24. und 31. XII.   🟦🟥 von Scheibenberg   🟦🟥 siehe auch 450

Im letzten DDR-Reichsbahnfahrplan 1990/91 sind noch täglich verkehrende Personenzüge sowie Güterzüge mit Personenbeförderung aufgeführt.
Sammlung: Thomas Böttger

Anfang der 90er Jahre bestand die Crottendorfer Garnitur noch aus zwei kurzen "Halberstädtern" und dem Packwagen, wie dieses Foto vom 08.05.1991 zeigt.
Foto: Rainer Heinrich

Im Sommer 1995 waren bereits die "langen Halberstädter" im Einsatz, welche hier die 202 307 am Ortseingang von Crottendorf am Haken hat.
Foto: Thomas Böttger

Großdiesellokomotiven in Crottendorf

Im Jahre 1992 versah ausnahmsweise die Baureihe 228 (V 180) den Dienst zwischen Schlettau und Crottendorf. Am 3. Juli verkehrte nach Jahren wieder ein Unkrautvertilgungszug. An diesem Tag sollte die 228 770 von Buchholz in die Wartung nach Aue gehen, und so verwendete man sie gleich als Schlusslok für den "Spritzzug", so dass sie von Schlettau nach Crottendorf als Zuglok fungierte. Dadurch sparte man das Umsetzen der 202 667. Am 22. Juli hatte der frühmorgens nach Schwarzenberg verkehrende Leerreisezug, welcher bis Schlettau die Crottendorfer Last mitnahm, infolge einer Vielzahl beigestellter Schadwagen bis Schlettau eine Last, für die 2 Loks BR 202 erforderlich gewesen wären, und so schaffte es Lokführer Uwe Schulze, die 228 713 an diesem Vormittag vor allen Zügen nach Crottendorf verkehren zu lassen. Den kuriosesten Lokeinsatz gab es im Zeitraum August bis November 1995. Auf Grund von Lokmangel beim Betriebshof Chemnitz setzte man Loks der Baureihe 219 ein.
Es war schon eigenartig anzusehen, wie die 2400 PS starke und 120 km/h schnelle Lok mit ganzen 15 km/h über die Strecke kroch und vor den Bahnübergängen zu deren Sicherung anhalten musste, um beispielsweise ein Simson-Moped vorbeizulassen ...

Relativ selten "verirrte" sich eine V 180 auf die Crottendorfer Schiene. Am 22.07.1992 gelang dieses seltene Foto mit 228 713 vor UEG 68463 am Ortseingang.
Foto: Danilo Grund

Hier befindet sich 219 105 mit RB 7711 auf dem Crottendorfer Gleis im Bahnhof Walthersdorf. Befördert wurden von dieser in der "Volksrepublik Rumänien" gefertigten Maschine an diesem Tage (25.08.1995) alle sechs Zugpaare.

Etwas ungewöhnlich dürfte dieser Anblick sein, als 219 105 am 17.10.1995 mit zwei ehemaligen Schnellzugwagen (lange Halberstädter) "haushoch" durch das Dorf fuhr. Das Bild entstand bei Abendsonne zwischen Crottendorf ob Bf und Hp Crottendorf. Fotos: Danilo Grund

Die letzte Fahrt

In Abwandlung des DB-Werbeslogans „Die Bahn kommt . . ." stand ergänzend „. . . nicht mehr nach Crottendorf" auf der schwarzen Tafel zu lesen, welche am 30.12.1996 an der Lok 202 844-7 angebracht war. Die Lok beförderte außer den alltäglichen zwei „langen Halberstädtern" der Gattung Bom den bewirtschafteten Speisewagen des VSE Schwarzenberg. Dies dürfte der erste nach Crottendorf gekommene Speisewagen gewesen sein, wenn auch mit dem letzten Zug. Obwohl von der DB AG als offizielles Stilllegungsdatum der 01.02.1997 angegeben wurde, ging mit diesem Zug ein 107-jähriges Kapitel Crottendorfer Verkehrsgeschichte zu Ende. Wahrlich gibt es genügend Beispiele (das nächstliegende gleich überm Berg, in Neudorf), dass es auch anders hätte gehen können, doch dazu mehr im Anschluss.

Bleibt nur noch, allen in den Betriebsjahren an dieser Bahnstrecke tätig gewesenen Eisenbahnern zu gedenken, die werktags und feiertags, im Sommer wie im harten erzgebirgischen Winter, zuverlässig ihren Dienst versahen, und dies unter nicht immer einfachen Bedingungen. Sie erbrachten auf dieser kleinen Nebenbahn mitunter Transportleistungen, die heute mancher Hauptbahn alle Ehre machen würden, und das bei der heute so gern als „marode" bezeichneten DDR- Deutschen Reichsbahn.

Der letzte Zug nach Crottendorf bestand aus zwei (langen) "Halberstädtern", dem VSE-eigenen Speisewagen, bespannt mit Lok 202 844.
Foto: Rainer Heinrich

Zum Erhalt einer Eisenbahnstrecke werden, neben staatlichen Zuschüssen, vor allem zahlende Verkehrskunden gebraucht. Die allerdings bekommt man nur mit einem Angebot, welches sich gegenüber den Mitbewerbern durchsetzen kann.
Am 30.12.1996 erlebte der Schlettauer Fahrkartenschalter einen sonst nicht gekannten Ansturm.
Foto: Rainer Heinrich

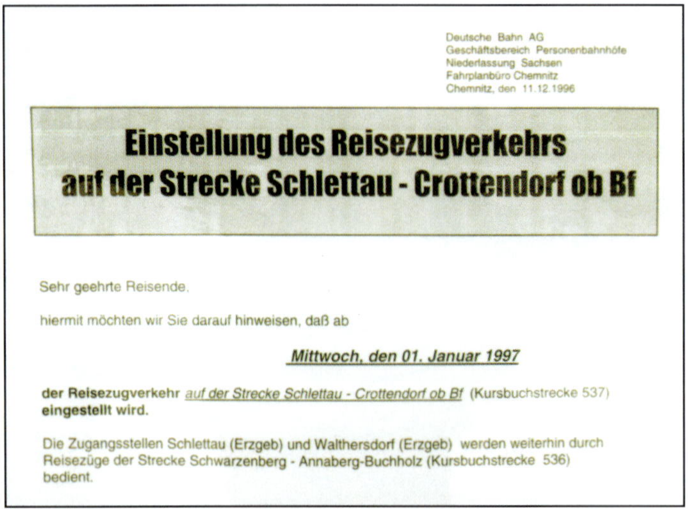

Deutsche Bahn AG
Geschäftsbereich Personenbahnhöfe
Niederlassung Sachsen
Fahrplanbüro Chemnitz
Chemnitz, den 11.12.1996

Einstellung des Reisezugverkehrs auf der Strecke Schlettau - Crottendorf ob Bf

Sehr geehrte Reisende,

hiermit möchten wir Sie darauf hinweisen, daß ab

Mittwoch, den 01. Januar 1997

der **Reisezugverkehr** _auf der Strecke Schlettau - Crottendorf ob Bf_ (Kursbuchstrecke 537) **eingestellt** wird.

Die Zugangsstellen Schlettau (Erzgeb) und Walthersdorf (Erzgeb) werden weiterhin durch Reisezüge der Strecke Schwarzenberg - Annaberg-Buchholz (Kursbuchstrecke 536) bedient.

Eine Streckenstilllegung ist immer ein Einschnitt in die Infrastruktur der Region, deshalb sind solche Unmutsäußerungen wohl verständlich.
Foto: Rainer Heinrich

40 Jahre DDR konnten mich nicht erschüttern... ! aber 6 Jahre BRD lassen mich zittern !

Relativ kurzfristig kündigte die Deutsche Bahn AG durch Aushänge die Stilllegung der Crottendorfer Strecke an. Etwas irreführend ist der Termin 01.01.1997, offiziell wurde in Bahnkreisen auch der 01.02.1997 genannt, der letzte Zug fuhr aber schon am 30.12.1996.
Foto: Rainer Heinrich

Ein historisches Dokument: Zugbegleiterin, Lokführer und Aufsicht stellen sich zum Abschiedsfoto in Schlettau. Im Vergleich zu der Aufnahme auf Seite 8 ist die Stimmung eher wehmütig.
Foto: Rainer Heinrich

Ein Blick zurück - der schon vor Jahren zum Haltepunkt "degradierte" untere Bahnhof in Crottendorf, wird nun ganz für den Eisenbahnverkehr geschlossen.
Foto: Rainer Heinrich

Viel Geld gibt die deutsche Wirtschaft jedes Jahr für "sinnige" Werbesprüche aus, da macht auch die DB AG keine Ausnahme. Aber leider gibt es immer wieder Zeitgenossen, welche manchmal etwas falsch verstehen . . .
Foto: Rainer Heinrich

Trotz des kalten Wintertages waren zahlreiche Einwohner und Gäste auf dem Crottendorfer oberen Bahnhof erschienen, um von "ihrer" Bahn Abschied zu nehmen.
Foto: Rainer Heinrich

In halbwegs ordentlichem Zustand befand sich der obere Bahnhof im Februar 2000. Bald wird wohl auch hier die Natur das ihr vor reichlich 100 Jahren verlorengegangene Terrain zurückholen.
Foto: Siegfried Bergelt

Der Gleisplan ist zwar noch unter der Vegetation auszumachen, jedoch die Straße wurde asphaltiert, nicht über die Schienen, sondern nach Heraustrennen dazwischen.
Foto: Markus Bergelt

Die Einfahrt aus Richtung Schlettau in den Bf. Walthersdorf war durch ein zweiflügeliges
Formhauptsignal gesichert, dieses ließ sich erst öffnen, nachdem die Schranken am
Übergang geschlossen waren. Am 11.10.1986 fuhr hier zuerst die 50 3694 mit einem
Nahgüterzug nach Annaberg-Buchholz durch. Ein wenig später bekam die 86 1501"Fahrt
frei mit Geschwindigkeitsbeschränkung" zur Einfahrt in den Hausbahnsteig.
Fotos: Thomas Böttger

Mit dieser stimmungsvollen Aufnahme, welche im Januar 1984, auf dem Crottendorfer oberen Bahnhof entstand, soll die Geschichte dieser Nebenbahn ihren Abschluss finden.
Durch die Zweckentfremdung der Bahnanlagen gibt es keine weitere Perspektive.
Foto: Ralph Lüderitz, Weißenfels

Wenn für diese Nebenbahn auch alle Signale auf Rot stehen, soll dieses Buch, zusammen mit den echten "Original Crottendorfer Räucherkerzchen" an ein Stück Heimat- und Verkehrsgeschichte des Erzgebirges erinnern.
Foto: Thomas Böttger

Streckenverlauf und touristische Sehenswürdigkeiten

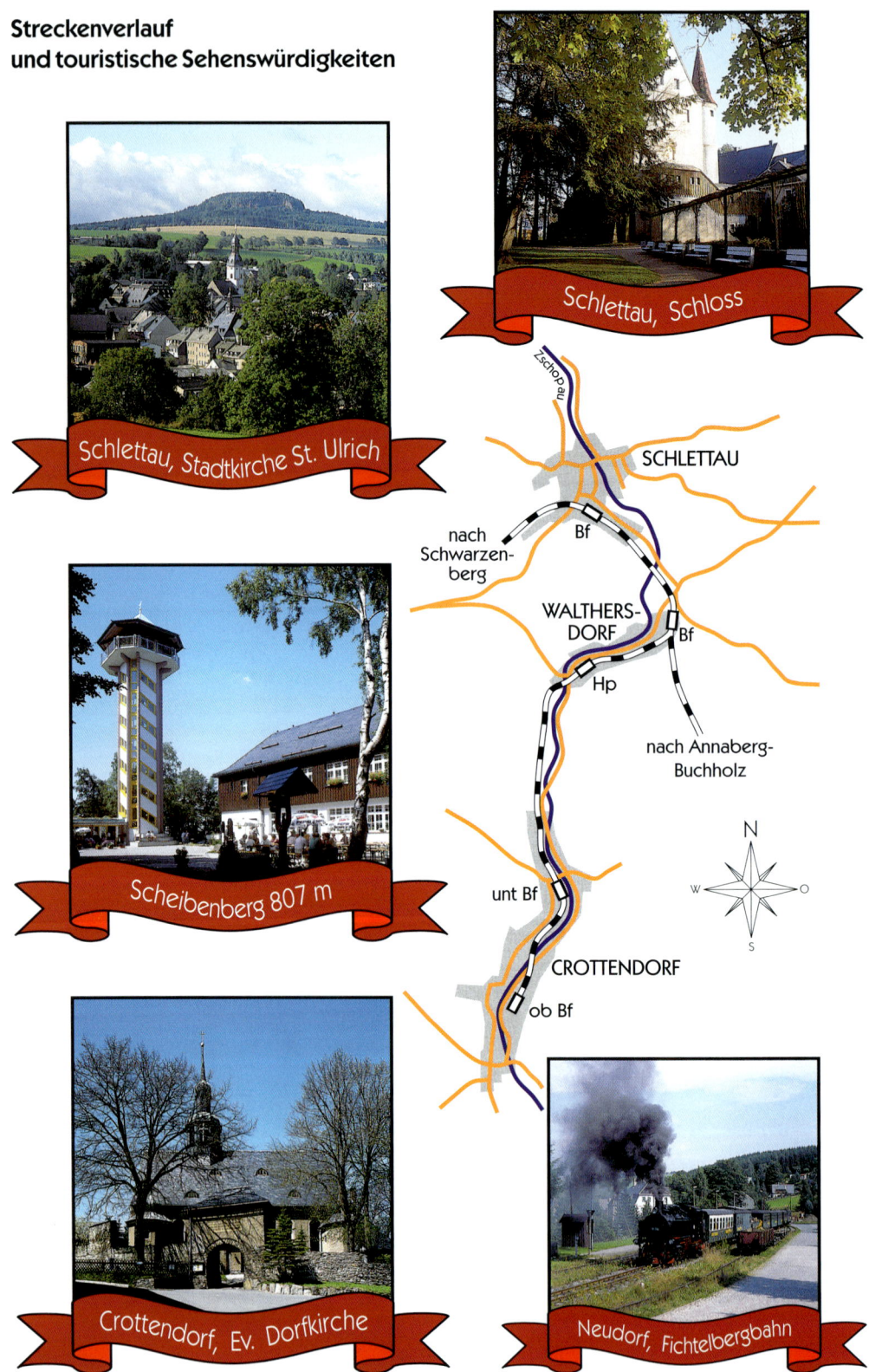

Schlettau, Schloss

Schlettau, Stadtkirche St. Ulrich

Scheibenberg 807 m

Crottendorf, Ev. Dorfkirche

Neudorf, Fichtelbergbahn

Zschopau

SCHLETTAU

Bf

nach Schwarzen-berg

WALTHERS-DORF

Bf

Hp

nach Annaberg-Buchholz

unt Bf

CROTTENDORF

ob Bf

N
W   O
S

Projekte und Perspektiven

Man machte sich auch Gedanken, wie es weitergehen könnte. Im „Crottendorfer Anzeiger" /2/, Ausgabe Februar 1997, wurde ein „Spurbus-System" als zukunftsweisend gepriesen (Bus mit seitlichen Tastrollen in Betonfahrbahn), mit vernünftigen Gegenargumenten von Andreas Demmler. Dieses Thema scheint seitdem abgeschlossen zu sein.

Im Jahr 2003 wurden die bisherigen Bushaltestellen mit Haltebuchten versehen, und der Busverkehr erfüllt alle Aufgaben des Öffentlichen Personennahverkehrs. Für die Richtungen Chemnitz und Cranzahl - Weipert werden die Omnibusse wahrscheinlich künftig eine Schnittstelle zur Linie Chemnitz - Weipert anfahren, deren erstes Teilstück Chemnitz - Annaberg unterer Bahnhof am 26. Juli 2003 feierlich wiedereröffnet wurde. „Bahn und Bus aus einem Guss" ohne Parallelfahrten sind eine vernünftige Lösung.

Nur hätte deswegen die Eisenbahnstrecke, welche sich zur Stilllegung Ende 1996 in keinem schlechten Zustand befand, nicht unwiederbringlich zerstört werden müssen. Es gibt auch noch andere technische Möglichkeiten, das „Hoppeln" der Straßenfahrzeuge auf Schienenübergängen zu mildern, als den Ausbau der Gleise. Mit etwas gutem Willen hätte man auch für das Fäkalienrohr noch einen anderen Platz finden können. Letztlich ist das aber Sache der örtlichen Entscheidungsträger, und zum Glück gibt es ja anderswo noch die Eisenbahn. Um Crottendorf wird sie jedoch für alle Zeiten einen Bogen machen.

Während die Strecke Schwarzenberg - Annaberg-Buchholz Süd weiterhin erhalten bleibt hat man die "Crottendorfer Schiene" kurzerhand vom Rest der Bahnwelt abgeschnitten. Hier die ehemalige Abzweigstelle im Bf Walthersdorf am 01.06.2003.
Foto: Markus Bergelt

Für den Bau eines Abwasserhauptsammlers wurde die Bahntrasse in großen Teilen umgenutzt, hier in Nähe der Crottendorfer "Martin-Fabrik" am 01.06.2003.
Fotos: Markus Bergelt

Museumsbahnhof Walthersdorf

Als im Jahre 2000 der Eisenbahnhistoriker Claus Schlegel die passenden Räumlichkeiten zur Unterbringung seiner Sammlung suchte, kam ihm der von "DB Imm" zum Verkauf ausgeschriebene Bahnhof Walthersdorf gerade recht. Der Gebäudekomplex war noch nahezu vollständig im Stil der Königlich Sächsischen Staats Eisenbahn erhalten geblieben, und so stürzte sich Claus Schlegel auf das Restaurieren. Heute, obwohl die Arbeiten noch nicht abgeschlossen sind, präsentiert sich dem Besucher ein historisch getreu restauriertes Empfangsgebäude samt Nebengebäuden im Stil der K.Sä.Sts.E.B.; die im ersten Stock befindliche Wohnung des Bahnhofsvorstehers inbegriffen. Letztere ist allerdings zusätzlich mit modernen Sanitäranlagen und Kochgelegenheit ausgestattet und steht für jedermann als Ferienwohnung bereit. Die ehemaligen Dienst- und Warteräume sowie der Güterschuppen enthalten museale Objekte zur sächsischen Eisenbahngeschichte.

In neuen Glanz erstrahlte die Außenfassade des seit 1993 unter Denkmalschutz stehenden Bahnhofsgebäudes im September 2003. Restarbeiten, wie beispielsweise der Neuaufbau eines Königlich-Sächsischen Wagens waren noch im Gange.
Foto: Thomas Böttger

Mit wie viel Liebe zur Sache
Herr Claus Schlegel sein
Vorhaben realisierte sieht man
auch im Umfeld und im Inneren
des Bahnhofes.
Besonderes Glanzstück der
kleinen Exposition ist ein Modell
der Güterzugdampflok 44.
Fotos: Thomas Böttger

Bürgerinitiative Eisenbahn "Oberes Erzgebirge" - IG Bahnhof Schlettau

Unter diesem Namen haben es sich Klaus-Joachim Nier und die anderen Mitglieder der Initiativgruppe zur Lebensaufgabe gemacht, die Eisenbahngeschichte rings um Schlettau vor dem Vergessen zu bewahren. Die Gruppe hat im historischen Schloss Schlettau ein Eisenbahn-Traditionszimmer, welches von den Mitgliedern Klaus-Joachim Nier, Andreas Schmiedel und Günter Schmiedel mit vielen gesammelten historischen Unterlagen und Sachzeugen ausgestattet wurde. Das Schlettauer Bahnhofsgebäude und der Lokschuppen (alles mit Inneneinrichtung) wurden von Klaus-Joachim Nier als Modell gebaut und sind dort zu sehen.

Aus Anlass des - seit Betriebseinstellung am 28. September 1997 - erstmals nach fünf Jahren in Schlettau eintreffenden Sonderzuges am 27. Juli 2003 hatte die Initiativgruppe ein Bahnhofsfest organisiert und den Fahrgästen einen herzlichen Empfang bereitet. In Vorbereitung dazu wurde das Bahnhofsgebäude und das Umfeld in einem empfangswürdigen Zustand versetzt. Weiterhin befreite man die Bahnhofsgleise von Bewuchs, die Bäumchen waren teilweise schon über 3 Meter hoch. Vertreter der Stadt Schlettau, DB Erzgebirgsbahn und VSE Schwarzenberg sprachen sich lobend über die ergriffenen Aktivitäten aus. Herr Landrat Förster würdigte das Ereignis und betonte, dass die Strecke mit dem bekannten Markersbacher Viadukt bestehen bleiben wird. Die Sonderfahrt habe gezeigt, welch touristisches Potential in dieser landschaftlich schönen Strecke steckt.

Das Glanzstück der Ausstellung im Schlettauer Schloss ist das Modell des Bahnhofes Schlettau im Maßstab 1 : 80 aus der Zeit der Königlich Sächsischen Staatseisenbahn mit Ausbau des Riegelwerkes um 1936.
Foto: Thomas Böttger

Dieser Fahrkartenschrank wurde einst im Packwagen auf der Strecke Schlettau - Obercrottendorf zum Verkauf von Edmonson´schen Fahrkarten durch den Zugführer auf dem Hp Walthersdorf und in Crottendorf unt Bf genutzt.

Das zweite Modell des Bahnhofes Schlettau (Anfang der 50er Jahre) befindet sich auf der H0-Anlage, hierfür wurde der Gleisplan der Reichsbahnzeit zu Grunde gelegt.
Fotos: Thomas Böttger

Einige Daten zur Eisenbahnstrecke Schlettau - Crottendorf [8]

Letzte Kursbuchnummer:	453
frühere Kursbuchnummer:	171d
Spurweite:	1435 mm
Streckenlänge:	- Schlettau - Walthersdorf (Strecke 450) 1.2 km
	- ab Abzweig Walthersdorf 5.2 km
Größte Neigung:	1:40
Kleinster Bogenhalbmesser:	200 m
Empfangsgebäude:	Schlettau (Strecke 450)
	Walthersdorf
	Crottendorf unt Bf (Holzverkleidet, mit Pultdach)
	Crottendorf ob Bf

Zeittafel

1887	Beschluss des Landtages zum Bau der Strecke Walthersdorf - Obercrottendorf in Normalspur
30.11.1889	feierliche Eröffnung
1915	Umbenennung Obercrottendorf in Crottendorf ob Bf Mittelcrottendorf in Crottendorf unt Bf
1926	Abriss des einständigen Lokschuppens auf dem ob Bf und Verlängerung des Gleises zum heutigen Ausziehgleis
etwa 1935	Bau des Ladegleises 4 auf dem ob Bf
etwa 1965	Ausbau von allen 3 Weichen im unt Bf und 4 im Bf Walthersdorf
1971	Betrieb im „Vereinfachten Nebenbahndienst"
1976	Neubau der Gleise im ob Bf
1980	Neubau des Streckengleises
31.12.1994	Einstellung des Güterverkehrs
31.12.1995	Einstellung des Personenverkehrs Sa/So
30.12.1996	Letzte Zugfahrt
1999	Schaffung einer Gleislücke (Straßenerneuerung zum Park)
2003	Entwidmung der Strecke für Bau Abwassersammler

Die technischen Daten der sächsischen VT:

Bauart:	C
Treib- und Kuppelrad-Durchmesser:	1260 mm
Länge über Puffer:	9635 mm
Höchstgeschwindigkeit:	50 km/h
Kesselüberdruck:	12 bar
Rostfläche:	1,3 m^2
Verdampfungsheizfläche:	81,6 m^2
Zylinderdurchmesser:	430 mm
Kolbenhub:	600 mm
Achslast max.	14,3 Mp
Lokreibungslast:	43,6 Mp
Lokdienstlast:	43,6 Mp
Leistung:	ca. 500 PSi
Erstes Baujahr:	1872
In Crottendorf eingesetzt:	bis ca. 1920

Die sächsische VT wurde vor allem auf Neben- und Anschlußbahnen, sowie im Rangierdienst eingesetzt. Dieses Foto entstand am 01.07.1902 in Chemnitz, als der 75000ste Webstuhl der Firma Louis Schönherr ausgeliefert wurde.
Sammlung: Siegfried Bergelt

Die technischen Daten der preußischen T9:

Bauart:	1´C
Treib- und Kuppelrad-Durchmesser:	1350 mm
Laufraddurchmesser:	1000 mm
Länge über Puffer:	10700 mm
Höchstgeschwindigkeit:	65 km/h
Kesselüberdruck:	12 bar
Rostfläche:	1,5 m^2
Verdampfungsheizfläche:	103,66 m^2
Zylinderdurchmesser:	450 mm
Kolbenhub:	630 mm
Achslast max.	15,6 Mp
Lokreibungslast:	45 Mp
Lokdienstlast:	59,9 Mp
Leistung:	ca. 600 PSi
Erstes Baujahr:	1900
In Crottendorf eingesetzt:	bis ca. 1935

Der Nachwelt erhalten blieb die 91 896 (preuß. T9), welche als Denkmalslok am Betriebseingang des Ausbesserungswerkes Dresden-Friedrichstadt aufgestellt wurde, aufgenommen am 02.04.2001.
Foto: Thomas Böttger

Die technischen Daten der Baureihe 86 [1]:

Bauart:	1´D1´
Treib- und Kuppelrad-Durchmesser:	1400 mm
Laufraddurchmesser:	850 mm
Länge über Puffer:	13820 mm
Höchstgeschwindigkeit:	80 km/h
Kesselüberdruck:	14 bar
Rostfläche:	2,39 m^2
Verdampfungsheizfläche:	117,37 m^2
Überhitzerheizfläche:	47 m^2
Zylinderdurchmesser:	570 mm
Kolbenhub:	660 mm
Achslast max.	15,6 Mp
Lokreibungslast:	60,6 Mp
Lokdienstlast:	88,5 Mp
Leistung:	1030 PSi
Erstes Baujahr:	1928
In Crottendorf eingesetzt:	ab ca. 1935

Beheimatet waren alle im Raum Annaberg-Buchholz eingesetzten 86er im
Bahnbetriebswerk Aue. Das Foto zeigt 86 1773, 1012 und 1617 im Jahre 1975.
Foto: Werner Ilgner

Die technischen Daten der Baureihe 38.2-3 (sächsische XII H2) [6]:

Bauart:	2´C
Treib- und Kuppelrad-Durchmesser:	1590 mm
Laufraddurchmesser:	1065 mm
Länge über Puffer:	18971 mm
Höchstgeschwindigkeit:	90 km/h
Kesselüberdruck:	13 bar
Rostfläche:	2,83 m^2
Verdampfungsheizfläche:	159,57 m^2
Überhitzerheizfläche:	43,2 m^2
Zylinderdurchmesser:	550 mm
Kolbenhub:	600 mm
Achslast max.	15,7 Mp
Lokreibungslast:	47,1 Mp
Lokdienstlast:	73,3 Mp
Leistung:	1320 PSi
Erstes Baujahr:	1910
In Crottendorf eingesetzt:	50er /60er Jahre

Am 28.03.1998 stand die 38 205 im Sächsischen Eisenbahnmuseum Chemnitz-Hilbersdorf das letzte Mal unter Dampf. Vorerst bleibt sie als nichtbetriebsfähiges Fahrzeug erhalten. Foto: Thomas Böttger

Die technischen Daten der Baureihe 110 / 112 (V 100) [7]:

Bauart:	B´B´
Länge über Puffer:	13940 mm
Höchstgeschwindigkeit:	100 km/h
Achslast max.	16,5 Mp
Lokreibungslast:	66 Mp
Lokdienstlast:	66 Mp
Leistung:	bis 1400 PS
Erstes Baujahr:	1966
In Crottendorf eingesetzt:	ab 1977
Lieferwerk (Serie):	VEB Lokomotivbau Elektrotechnische Werke "Hans Beimler" (LEW) Hennigsdorf

Ende der 90er Jahre kamen die bei der DB AG als BR 202 bezeichneten Loks meist nur noch in Ostsachsen zum Einsatz. Teilweise erhielten Sie auch eine verkehrsrote Lackierung, wie hier die 202 523 in Zittau, August 1999.
Foto: Thomas Böttger

Die technischen Daten der Baureihe 50.35 (Reko-Lok) [6]:

Bauart:	1´E
Treib- und Kuppelrad-Durchmesser:	1400 mm
Laufraddurchmesser:	850 mm
Länge über Puffer:	22600 mm
Höchstgeschwindigkeit:	80 km/h
Kesselüberdruck:	16 bar
Rostfläche:	3,71 m^2
Verdampfungsheizfläche:	159,6 m^2
Überhitzerheizfläche:	68,5 m^2
Zylinderdurchmesser:	600 mm
Kolbenhub:	660 mm
Achslast max.	14,8 Mp
Lokreibungslast:	73,4 Mp
Lokdienstlast:	85,9 Mp
Leistung:	1760 PSi
Erstes Baujahr:	1939 / Reko 1957
In Crottendorf eingesetzt:	nur Sonderzug

Rekoloks der Baureihe 50.35-37 kamen zusammen mit der Altbauversion bei der DR noch bis Ende der 80er Jahre zum Einsatz. Hier eine Aufnahme aus dem Bahnbetriebswerk Nossen vom 29.08.1983.
Foto: Thomas Böttger

Quellenverzeichnis

[1] Andreas Knipping: Die Baureihe 86, Eisenbahn-Kurier Verlag Freiburg, 1987

[2] Crottendorfer Anzeiger, Monatszeitung für Crottendorf, diverse Ausgaben

[3] Crottendorf - unsere Heimat (Crottendorfer Ortschronik), H & F Verlag Scheibenberg, 1997

[4] Der Modelleisenbahner 5/1971, VEB Transpress Verlag für Verkehrswesen

[5] Günter Meyer: Meisterfotos aus der Dampflokzeit, Eisenbahn-Kurier Verlag Freiburg, 1996

[6] Horst J. Obermeyer: Taschenbuch Deutsche Dampflokomotiven, Franckh´sche Verlagsbuchhandlung, Stuttgart, 1971

[7] Manfred Weisbrod: Die Baureihe V 100 der DR, Transpress-Verlag, 1999

[8] Siegfried Bergelt: Walthersdorf - Crottendorf, Neben- und Schmalspurbahnen in Deutschland, 30. Ergänzungs-Ausgabe, Gera-Nova Zeitschriftenverlag GmbH, 2000

Erläuterung einiger Fachbegriffe

Verdampfungsheizfläche:
Die heißen Gase des Feuers durchströmen Rohre, welche vom Kesselwasser umgeben sind. Die Gesamtfläche, bei der sich auf der einen Seite heiße Gase, auf der anderen Seite zu verdampfendes Wasser befindet, ist die Verdampfungsheizfläche.

Überhitzerheizfläche:
Nur bei „Heißdampf-Loks" (nicht bei „Nassdampf-Loks"). Der zunächst durch Kochen des Wassers entstandene Nassdampf wird durch den Überhitzer geleitet, einem Rohrbündel, welches von den heißen Gasen des Feuers umgeben ist. Diese Berührungsfläche ist die Überhitzerheizfläche.

Achslast:
Last, mit der eine Achse bzw. ein Radsatz (mit je einem Rad zur Hälfte auf die linke und die rechte Fahrschiene) drückt. Lokkonstrukteure sind stets bestrebt, alle Achsen einer Lok gleich zu belasten. Dennoch waren vor allem bei Dampfloks kleine Unterschiede unvermeidlich.

Lokreibungslast:
Achslast multipliziert mit der Anzahl der angetriebenen Achsen (Treib- und Kuppelachsen). Last, welche die im Kessel erzeugte Energie über Reibung auf die Schienen bringt, damit sie am Zughaken wirksam wird.

Lokdienstlast:
Gesamtlast der Lok, bereit zum Dienst, also mit aufgefüllten Vorräten.

1955

1976

Crottendorf –Schlettau 1994

Schlettau – Crottendorf 1996